Ambidi Naveena
Sanjana Mantri

Sistema de vigilância baseado em OpenCV

Ambidi Naveena
Sanjana Mantri

Sistema de vigilância baseado em OpenCV

ScienciaScripts

Imprint
Any brand names and product names mentioned in this book are subject to trademark, brand or patent protection and are trademarks or registered trademarks of their respective holders. The use of brand names, product names, common names, trade names, product descriptions etc. even without a particular marking in this work is in no way to be construed to mean that such names may be regarded as unrestricted in respect of trademark and brand protection legislation and could thus be used by anyone.

Cover image: www.ingimage.com

This book is a translation from the original published under ISBN 978-3-659-79057-7.

Publisher:
Sciencia Scripts
is a trademark of
Dodo Books Indian Ocean Ltd. and OmniScriptum S.R.L publishing group

120 High Road, East Finchley, London, N2 9ED, United Kingdom
Str. Armeneasca 28/1, office 1, Chisinau MD-2012, Republic of Moldova, Europe
Printed at: see last page
ISBN: 978-620-8-34729-1

SISTEMA DE VIGILÂNCIA BASEADO EM CV ABERTO

Dr-A-NAVEENA
SANJANA MANTRI

Índice

CAPÍTULO 1: INTRODUÇÃO

1. INTRODUÇÃO

O sistema de vigilância tem sido um tema de investigação muito ativo nos últimos anos devido à sua crescente importância nas aplicações de segurança, de aplicação da lei e militares. Cada vez mais câmaras de vigilância são instaladas em áreas de segurança, como bancos, estações de comboio, auto-estradas e fronteiras. A deteção de objectos é o processo de encontrar instâncias de objectos do mundo real, como rostos, bicicletas e edifícios, em imagens ou vídeos. Os algorítmos de deteção de objectos utilizam normalmente caraterísticas extraídas e algoritmos de aprendizagem para reconhecer instâncias de uma categoria de objectos. A deteção de objectos e o reconhecimento de objectos são técnicas semelhantes para identificar objectos, mas variam na sua execução. A deteção de objectos é o processo de encontrar instâncias de objectos em imagens. A deteção de objectos é um subconjunto do reconhecimento de objectos em que o objeto não só é identificado como também localizado numa imagem. A identificação e o seguimento de objectos é um fator importante na análise de vídeo num sistema de vigilância. Permite a extração de informações de fotogramas e sequências de imagens. Isto mostra que o objeto é um importante campo de investigação em visão computacional e as suas aplicações em vários sistemas de vigilância.

1.1 Visão geral

Este trabalho de investigação baseia-se na perseverança do ambiente para verificar se algum intruso entrou. O utilizador é alertado através de uma plataforma comum como o Gmail. O principal objetivo deste projeto é a deteção de intrusos através da deteção do seu movimento e da especificação do objeto que se está a mover. Neste projeto, utilizamos uma câmara para seguir o mundo real. A câmara está ligada ao Raspberry Pi e este está integrado no OpenCV. A câmara grava o mundo real e, quando é detectado movimento no ambiente, envia o vídeo em direto para a pessoa autorizada através do Gmail. Uma imagem é capturada e armazenada num ficheiro e é lida no formato BGR, sendo depois convertida no formato GRAY para processamento posterior. É tirada uma imagem do vídeo e esta é submetida a um processamento de imagem através do OpenCV e detecta os objectos presentes na imagem O Raspberry pi é utilizado para fazer a interface do módulo da câmara e o código é escrito nele. O OpenCV é utilizado para escrever todo o código operacional. O reconhecimento de objectos é feito através do OpenCV para detetar os objectos presentes na imagem. O Gmail é uma aplicação utilizada aqui para enviar o vídeo e as imagens em direto para a pessoa autorizada.

1.2 Motivação

O OpenCV é uma biblioteca madura e estável para processamento de imagens 2D utilizada numa grande variedade de aplicações. Grande parte do ROS utiliza sensores 3D e dados de nuvens de pontos, mas ainda existem muitas aplicações que utilizam câmaras 2D tradicionais e processamento de imagem. O OpenCV fornece uma enorme quantidade de utilitários e funções úteis relacionadas à Visão Computacional, desde operações matriciais até reconhecimento facial. É fornecido com um conjunto de ligações para Python, mas estas não são muito orientadas para objectos e podem ser complicadas para os utilizadores. Python é uma boa escolha para esta aplicação, devido à sua facilidade de prototipagem rápida e às ligações existentes à biblioteca OpenCV. Uma coleção de wrappers orientados para objectos em Python são wrappers para OpenCV.

1.2.1 Antecedentes do OpenCV

O OpenCV foi criado na Intel em 1999 por Gary Bradski e a primeira versão foi lançada em 2000. Vadim Pisarevsky juntou-se a Gary Bradsky para gerir a equipa russa de software OpenCV da Intel. Mais tarde, o seu desenvolvimento ativo continuou sob o apoio da Willow Garage, com Gary Bradsky e Vadim Pisarevsky a liderar o projeto. O OpenCV suporta uma série de algoritmos relacionados com a visão por computador e a aprendizagem automática e está a expandir-se de dia para dia. Atualmente, o OpenCV suporta uma grande variedade de linguagens de programação, como C++, Python, Java, etc., e está disponível em diferentes plataformas, incluindo Windows, Linux, OS X, Android, iOS, etc., estando também em desenvolvimento ativo interfaces baseadas em CUDA e OpenCL para operações de alta velocidade.

Combina as melhores qualidades da API C++ do OpenCV e da linguagem Python. Adotado em todo o mundo, o OpenCV tem mais de 47 mil pessoas na comunidade de utilizadores e um número estimado de descarregamentos superior a 14 milhões. A sua utilização vai da arte interactiva à inspeção de minas, passando pela costura de mapas na Web ou pela robótica avançada. A primeira versão alfa do OpenCV foi lançada ao público na conferência IEEE sobre Visão por Computador e Reconhecimento de Padrões em 2000 e cinco versões beta foram lançadas entre 2001 e 2005. Lançado oficialmente em 1999, o projeto OpenCV foi inicialmente uma iniciativa da Intel Research para fazer avançar as aplicações com utilização intensiva de CPU, fazendo parte de uma série de projectos que incluíam o traçado de raios em tempo real e as paredes de visualização 3D.

Os principais colaboradores do projeto incluíam vários especialistas em otimização da Intel Rússia, bem como a equipa da biblioteca de desempenho da Intel. Nos primeiros dias do OpenCV, os objectivos deste projeto foram descritos como:

1. Avançar na investigação da visão fornecendo não só código aberto mas também optimizado para a infraestrutura básica da visão. Chega de reinventar a roda.

2. Divulgar o conhecimento da visão, fornecendo uma infraestrutura comum sobre a qual os programadores pudessem construir, de modo a que o código fosse mais facilmente legível e transferível.

3. Avançar as aplicações comerciais baseadas na visão, disponibilizando gratuitamente código portátil e optimizado em termos de desempenho, com uma licença que não exigia que o código fosse aberto ou livre.

A segunda grande versão do OpenCV foi lançada em outubro de 2009. O OpenCV-2 inclui grandes alterações à interface C++, com o objetivo de facilitar padrões de tipos mais seguros, novas funções e melhores implementações para as existentes em termos de desempenho. Em agosto de 2012, o apoio ao OpenCV foi assumido por uma fundação sem fins lucrativos que mantém um site para programadores e utilizadores. Em maio de 2016, a Intel assinou um acordo para adquirir a Itseez, um dos principais criadores do OpenCV. Foi concebido tendo em vista a eficiência computacional e com um forte enfoque em aplicações em tempo real. Está escrito em C/C++ optimizado; a biblioteca pode tirar partido do processamento multi-core.

1.2.2 O que é o OpenCV

A OpenCV (Open Source Computer Vision Library) é a principal biblioteca de código aberto para visão computacional, processamento de imagens e biblioteca de software de aprendizagem automática e inclui agora aceleração por GPU para funcionamento em tempo real. A OpenCV é uma biblioteca Python concebida para resolver problemas de Visão por Computador. A biblioteca tem mais de 2500 algoritmos optimizados. Estes algoritmos podem ser utilizados para detetar e reconhecer rostos, identificar objectos, classificar acções humanas em vídeos, seguir movimentos de câmara, seguir objectos em movimento, extrair modelos 3D de objectos, etc. A biblioteca é multiplataforma e livre para uso sob a licença BSD de código aberto. Fornece centenas de funções para a captura, análise e manipulação de dados visuais e pode eliminar alguns dos problemas que os programadores enfrentam quando desenvolvem aplicações que dependem da visão computacional. O OpenCV desaloca a memória automaticamente, bem como aloca automaticamente a memória para os parâmetros da função de saída. O tamanho e o tipo das matrizes de saída são determinados a partir do tamanho e do tipo das matrizes de entrada. Algumas partes da biblioteca também fornecem funções de interface do utilizador e de reconhecimento de padrões. O OpenCV é uma iniciativa de fonte aberta e, por conseguinte, é gratuito para utilização académica e comercial.

O OpenCV tem sido utilizado em aplicações práticas e criativas, incluindo veículos autónomos e novas formas de arte digital. O OpenCV é uma biblioteca de muitas funções incorporadas, destinadas principalmente ao processamento de imagens em tempo real. Atualmente, possui várias centenas de algoritmos de processamento de imagem e de visão computacional que tornam o desenvolvimento de aplicações avançadas de visão computacional fácil e eficiente. É utilizada principalmente para efetuar todas as operações relacionadas com imagens. Pode ler e escrever imagens, detetar rostos e as suas caraterísticas, detetar formas, detetar moedas em imagens, reconhecer texto em imagens e modificar a qualidade e as cores de uma imagem. O OpenCV foi concebido para ser multiplataforma. Assim, a biblioteca foi escrita em C, o que torna o OpenCV mais portátil para quase todos os sistemas comerciais, desde Macs PowerPC a cães robóticos. Também foram desenvolvidos wrappers para linguagens como Python e Java para encorajar a sua adoção por um público mais vasto. Por último, o OpenCV funciona tanto em computadores de secretária (Windows, Linux, Android, MacOS, FreeBSD, OpenBSD) como em telemóveis (Android, Maemo, iOS).

1.2.3 Principais áreas de aplicação do OpenCV

O OpenCV está a ser utilizado para uma vasta gama de aplicações que incluem:

1. Conjuntos de ferramentas de caraterísticas 2D e 3D

2. Colagem de imagens de vistas de rua
3. Inspeção e vigilância automatizadas
4. Navegação e controlo de automóveis sem robô e sem condutor
5. Análise de imagens médicas
6. Instalações artísticas interactivas

7. Estimativa do movimento do ego

8. Sistema de reconhecimento facial

9. Reconhecimento de gestos e robótica móvel

10. Compreensão do movimento e seguimento do movimento

1.2.4 OpenCV-Python

Python é uma linguagem de programação de uso geral criada por Guido Van Rossum, que se tornou muito popular em pouco tempo, principalmente devido à sua simplicidade e legibilidade do código. O OpenCV-Python não é nada mais do que uma classe de invólucro para a biblioteca C++ original a ser usada com Python. O OpenCV-Python faz uso do Numpy, que é uma biblioteca altamente otimizada para operações numéricas com sintaxe no estilo MATLAB. Usando isso, todas as estruturas de matriz do OpenCV são convertidas em matrizes Numpy. Isso facilita a integração com outras bibliotecas que usam Numpy, como SciPy e Matplotlib. A proficiência com Numpy é uma necessidade para escrever código optimizado usando OpenCV-Python. O OpenCV-Python é a API Python do OpenCV. Permite ao programador expressar as suas ideias em menos linhas de código sem reduzir a legibilidade. No OpenCV-Python, podemos combinar a concisão do Python com os poderes de elevado desempenho do C, utilizando o Cython, que é uma extensão do C para o Python. Pode proporcionar um aumento de velocidade até 100x ou mesmo superior em comparação com o código Python nativo, dependendo da aplicação.

Em comparação com outras linguagens, como C/C++, Python é mais lenta, mas outra caraterística importante de Python é o facto de poder ser facilmente alargada com C/C++. Esta caraterística ajuda-nos a escrever códigos computacionalmente intensivos em C/C++ e a criar um invólucro Python para ele, de modo a podermos utilizar estes invólucros como módulos Python. Assim, o nosso código é tão rápido como o código C/C++ original e é muito fácil de codificar em Python. É assim que o OpenCV-Python funciona; é um invólucro Python em torno do código C++ original

implementação. O OpenCV foi escrito em C++ e a sua interface principal é em C++, mas mantém uma interface antiga em C, menos abrangente mas extensa. Existem ligações em Python, Java e MATLAB. O OpenCV apresenta um novo conjunto de tutoriais que nos guiarão através de várias funções disponíveis no OpenCV-Python. O OpenCV-Python diminui definitivamente o nosso tempo de desenvolvimento e é mais fácil de depurar.

1.3 Deteção de objectos

A deteção de objectos é o processo de encontrar instâncias de objectos do mundo real, como rostos, bicicletas e edifícios em imagens ou vídeos. Os algoritmos de deteção de objectos utilizam normalmente caraterísticas extraídas e algoritmos de aprendizagem para reconhecer instâncias de uma categoria de objectos. A deteção de objectos e o reconhecimento de objectos são técnicas semelhantes para identificar objectos, mas variam na sua execução. Um sistema de deteção de objectos encontra objectos do mundo real presentes numa imagem digital ou num vídeo, em que o objeto pode pertencer a qualquer classe de objectos, nomeadamente seres humanos, automóveis, etc. Para detetar um objeto numa imagem ou num vídeo, o sistema precisa de ter alguns componentes para completar a tarefa de deteção de um objeto. O sistema de deteção de objectos encontra objectos no mundo real utilizando os modelos de objectos. O termo deteção tem sido utilizado para se referir a muitas capacidades visuais diferentes, incluindo identificação, categorização e discriminação.

Basicamente, um sistema de deteção de objectos pode ser descrito facilmente através do seguinte modelo básico de deteção de objectos, que mostra as fases básicas envolvidas no processo de deteção de objectos. A entrada básica para o sistema de deteção de objectos pode ser uma imagem ou uma cena, no caso dos vídeos. O objetivo básico deste sistema é detetar os objectos presentes na imagem ou na cena ou, por outras palavras, o sistema tem de categorizar os vários objectos nas respectivas classes de objectos. O problema da deteção de objectos só pode ser resolvido quando a imagem é segmentada e, sem uma deteção parcial, o processo de segmentação não pode ser aplicado.

Os seres humanos podem facilmente detetar e identificar objectos presentes numa imagem. O sistema visual humano é rápido e preciso e pode realizar tarefas complexas, como a identificação de vários objectos e a deteção de obstáculos, com pouco pensamento consciente. Com a disponibilidade de uma grande quantidade de dados, GPUs mais rápidas e melhores algoritmos, podemos agora treinar facilmente os computadores para detetar e classificar vários objectos numa imagem com elevada precisão.

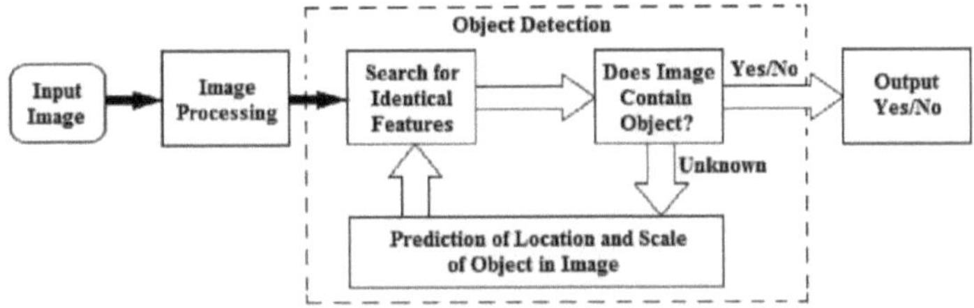

Fig 1.1: Modelo básico de deteção de objectos

Uma abordagem para a construção de uma deteção de objectos consiste em construir primeiro um classificador que possa classificar imagens de um objeto cortadas de perto. Um classificador que utilizamos neste projeto é o classificador Haar Cascade, para classificar vários objectos numa determinada imagem. A deteção de objectos, uma das aplicações importantes no domínio da visão computacional, tem sido o foco da investigação e a rede neural de convolução tem feito grandes progressos na deteção de objectos. A deteção de objectos está a evoluir do reconhecimento de um único objeto para o reconhecimento de vários objectos. A aprendizagem automática formou um algoritmo de reconhecimento de objectos baseado na RCNN e este algoritmo está a obter uma maior precisão numa série de conjuntos de dados famosos. É vulgarmente utilizado em aplicações como a recuperação de imagens, a segurança, a vigilância e os sistemas avançados de assistência ao condutor (ADAS).

A deteção e o seguimento de objectos é uma das áreas críticas de investigação devido à mudança de rotina no movimento do objeto e à variação do tamanho da cena, oclusões, variações de aparência e mudanças de movimento do ego e de iluminação. Especificamente, a seleção de caraterísticas é o papel vital no seguimento de objectos. Está relacionada com muitas aplicações em tempo real, como a perceção de veículos, a vigilância por vídeo, etc. Para ultrapassar o problema da deteção, o rastreio está relacionado com o movimento e o aspeto do objeto.

A maior parte dos algoritmos centra-se no algoritmo de seguimento para suavizar a sequência de vídeo. Por outro lado, poucos métodos utilizam a informação prévia disponível sobre a forma do objeto, a cor, a textura, etc.

Fig 1.2: Deteção de objectos

Recentemente, o avanço da miniaturização e a redução do custo das câmaras favoreceram a implementação de redes de câmaras em grande escala. Este número crescente de câmaras pode permitir novas aplicações de processamento de sinais que utilizam vários sensores em áreas extensas. O seguimento de objectos é o novo procedimento para descobrir objectos em movimento para além do tempo, utilizando a câmara em sequências de vídeo. Uma aplicação bem conhecida da deteção de objectos é a deteção de rostos.

A deteção de objectos e a utilização da videovigilância abrangem muitas áreas, desde a segurança nos domínios público e comercial, a extração inteligente de dados de vídeo, a aplicação da lei e fins militares, etc. A utilização na segurança pública e comercial pode ser explicada como a monitorização de bancos, grandes armazéns, aeroportos, museus, estações, propriedades privadas e parques de estacionamento para prevenção e deteção de crimes. Outras áreas-chave são o patrulhamento de auto-estradas e caminhos-de-ferro para deteção de acidentes. Vigilância de propriedades e florestas para deteção de incêndios. Observação das actividades de pessoas idosas e informadas para alarme precoce e medição da eficácia dos tratamentos médicos. Há uma série de aplicações no domínio da extração de dados de vídeo inteligente, como a medição do fluxo de tráfego, o congestionamento de peões e o desempenho atlético, a compilação de dados demográficos dos consumidores em centros comerciais e parques de diversões, a extração de estatísticas de actividades desportivas, a contagem de espécies ameaçadas, o registo de tarefas de manutenção de rotina em instalações nucleares e industriais, a avaliação do desempenho artístico e a auto-aprendizagem, etc.

Atualmente, a monitorização e o controlo do tráfego é a aplicação mais utilizada para a deteção e o seguimento de objectos através da videovigilância. As agências de aplicação da lei utilizam este sistema a uma escala muito elevada em todo o mundo. A outra utilização pode ser na segurança militar para patrulhar as fronteiras nacionais, medir o fluxo de refugiados, monitorizar os tratados de paz, proporcionar regiões seguras à volta das bases, ajudar no comando e controlo do campo de batalha, etc. A utilização de algoritmos inteligentes de deteção, seguimento e classificação de objectos não se limita apenas à videovigilância. Outros domínios de aplicação também beneficiam dos avanços da investigação sobre estes algoritmos. Alguns exemplos são a realidade virtual, a compressão de vídeo, a interface homem-máquina, a realidade aumentada, a edição de vídeo e as bases de dados multimédia.

1.4 Objectivos do sistema proposto

Os principais objectivos do nosso projeto são a localização de um objeto em movimento, a classificação do objeto no seu ambiente e o alerta ou notificação do utilizador através de uma plataforma comum.

1. **Para seguir um objeto em movimento:**

   A deteção de objectos em movimento consiste em reconhecer o movimento físico de um objeto num determinado local. Através da segmentação entre objectos em movimento e área estacionária, o movimento dos objectos em movimento pode ser seguido e analisado. É uma técnica utilizada na visão por computador e no processamento de imagens que permite seguir o objeto em movimento numa determinada área. Pode ser utilizada numa vasta gama de aplicações, como a videovigilância, a análise da atividade humana, a monitorização do estado das estradas, a segurança nos aeroportos, a monitorização da proteção ao longo da fronteira marítima, etc.

2. **Para alertar o utilizador previsto:**

   Assim que o intruso ou qualquer pessoa ou objeto não autorizado entrar na área de vigilância, o utilizador deve ser notificado ou deve ser alertado utilizando qualquer plataforma comum, como o Gmail, onde a mensagem é enviada para o ecrã do monitor do utilizador para que este possa receber uma notificação de alerta. Em outras extensões, também podemos utilizar a aplicação telegrama para alertar o utilizador.

1.5 Vantagens

i. Os últimos avanços nos sistemas de vigilância elevaram os níveis de monitorização, gestão e aplicação da segurança e ajudaram a impedir as actividades de ladrões e criminosos experientes.

ii. Os objectos podem estar presentes a diferentes distâncias, produzindo diferentes diferenças de escala e a imagem com menos detalhes pode ser detectada, reconhecida e alertada através da aplicação Gmail.

iii. Os objectos visados presentes em diferentes orientações também podem ser classificados e detectados utilizando o reconhecimento e a deteção de objectos.

iv. Quando corretamente colocados, os sistemas de segurança e vigilância podem ajudar a dissuadir e reduzir o roubo, a perda e o vandalismo.

v. A câmara pi pode monitorizar as salas de armazenamento e manter um olhar atento sobre a área de vigilância, qualquer intruso que entre nela pode ser alertado através da aplicação Gmail.

Algumas das vantagens da utilização de câmaras de vigilância são mencionadas abaixo:

1. Prevenir o roubo e as actividades ilegais: O principal objetivo da instalação de câmaras de vigilância é dissuadir os ladrões, os criminosos, os pequenos ladrões e as actividades criminosas. As câmaras de segurança são instaladas em bungalows, moradias em banda, edifícios de apartamentos, condomínios, escolas, campus universitários, escritórios, lojas, centros comerciais e outras áreas públicas. Estas câmaras monitorizam actividades suspeitas; impedem roubos, vandalismo e furtos em lojas; e alertam os agentes de segurança destacados para roubos em tempo real. Os funcionários que monitorizam as câmaras e os sistemas centralizados em grandes empresas também podem informar os agentes da autoridade do condado e do estado sobre o desenvolvimento de situações perigosas.

2. Assegurar a gestão da segurança nos centros comerciais: É difícil e dispendioso manter pessoal de segurança armado e privado para vigiar os cantos e recantos dos centros comerciais. Nas últimas décadas, os proprietários e promotores de centros comerciais instalaram câmaras de vigilância de última geração que podem ser geridas a partir de salas controladas centralmente para monitorizar os aspectos de segurança a um nível micro e, em especial, os parques de estacionamento e as zonas periféricas. Os proprietários de boutiques e lojas em vários centros comerciais também instalam estas câmaras como medida de proteção de segundo nível.

3. Vigilância de TI e centros de dados: A monitorização da segurança em grandes centros de TI e de dados tornou-se obrigatória na Era da Informática. Todas as empresas comerciais, grandes empresas e agências governamentais federais, e até mesmo pequenas e médias empresas, mantêm atualmente grandes centros de TI para facilitar o bom funcionamento das operações comerciais. Gigabytes e terabytes de dados de missão crítica residem nestes centros de TI e centros de dados. Para monitorizar os movimentos do pessoal autorizado, dos trabalhadores e de outro pessoal de TI, e evitar o furto ou roubo de dispositivos de armazenamento críticos, dados e outros ficheiros digitais, são instalados sistemas de câmaras de vigilância abrangentes e de alta tecnologia nestas instalações e centros de TI.

1.6 Limitações

i.   O algoritmo de deteção utilizado neste projeto não funciona para animais; só pode detetar a pessoa e o objeto.

ii.   Uma das principais desvantagens dos sistemas de vigilância é o facto de só poderem monitorizar uma parte limitada da área.

iii.   Como todos os rostos humanos têm a mesma estrutura, o reconhecimento automático de rostos é uma tarefa complexa que pode envolver a deteção de rostos e a localização de caraterísticas faciais para reconhecer um rosto.

iv.   Quando um vídeo ou uma imagem são captados num local mais escuro ou com pouca iluminação, é difícil ver claramente as informações contidas no vídeo ou na imagem. Devido a este problema, a iluminação tornou-se uma preocupação no domínio do reconhecimento facial.

v.   Quando nós, enquanto utilizadores, tentamos manter-nos actualizados sobre as últimas novidades em matéria de sistemas de segurança, não devemos esquecer que os intrusos e os criminosos também estão a fazer o mesmo. Um intruso inteligente saberá provavelmente tudo sobre eles e poderá ter descoberto uma forma de passar despercebido.

1.7 Aplicações

O sistema de vigilância é um dos temas de investigação mais exigentes das últimas décadas. Trata-se de uma tecnologia fundamental para combater o problema da criminalidade, do terrorismo e da segurança pública, nomeadamente em bancos, lojas, edifícios privados, institutos de ensino e várias áreas públicas.

Algumas das principais aplicações do nosso projeto são:

1. **Sistema de vigilância inteligente:**

   O Sistema de Vigilância Inteligente (ISS) tem recebido uma atenção crescente devido à crescente procura de segurança e proteção. É capaz de analisar automaticamente imagens, vídeo, áudio ou outro tipo de dados de vigilância sem ou com intervenção humana limitada.

2. **Sistema de segurança doméstica:**
   a. Todos os sistemas de segurança doméstica funcionam com base no mesmo princípio básico de proteção dos pontos de entrada, como portas e janelas. Independentemente do tamanho da casa ou do número de portas e janelas ou divisões interiores que o proprietário decida proteger.

3. **Sistema de segurança dos institutos de ensino:**
   a. Muitos institutos não compreendem o impacto de uma pirataria informática. Há muitas razões para os criminosos piratearem um instituto de ensino. Algumas delas são,

b. **Dados financeiros:** Os institutos armazenam informações financeiras dos estudantes. Muitos estudantes têm débitos diretos para as suas despesas mensais. Para tal, é necessário que o instituto guarde os dados bancários. Trata-se de uma informação valiosa que pode cair em mãos erradas.

c. **Informações de identificação pessoal:** Os estudantes não são muito exigentes quanto à sua atividade em linha. São também os que têm registos de crédito financeiro mais limpos ou em branco. Consequentemente, são o alvo principal do roubo de identidade.

d. **Dados empresariais:** As informações sobre os estudantes, o pessoal docente, a gestão complexa dos horários, as informações sobre o registo dos estudantes, o material de avaliação dos cursos, os esforços e as estratégias de angariação de fundos são informações valiosas. Se estas informações se perderem, todo o funcionamento do instituto pode ficar comprometido.

e. **Dados educativos:** O material de investigação, os horários das aulas e o sistema de gestão de notas, os sistemas de testes, a avaliação em linha e os portais de envio de trabalhos em linha são fundamentais para a transmissão do ensino. A integridade e a disponibilidade destes dados são vitais para o funcionamento do instituto.

1.8 Esboço da tese

Capítulo 1: Apresenta a introdução à tese global e a visão geral do projeto. No resumo do projeto, é feita uma breve introdução ao **"Reconhecimento de objectos e alerta utilizando OpenCV"** e às suas aplicações.

Capítulo 2: Apresenta as limitações do sistema existente e a solução que o nosso projeto oferece.

Capítulo 3: Apresenta o sistema proposto. Explica as caraterísticas do sistema proposto e inclui o diagrama de blocos e o fluxograma.

Capítulo 4: Apresenta a descrição do hardware e do software. Fornece os detalhes de cada componente utilizado no projeto e explica a implementação.

Capítulo 5: Apresenta a descrição do projeto e a sua execução.

Capítulo 6: Explica a metodologia e os conceitos utilizados no projeto...

Capítulo 7: Apresenta o código incorporado no Raspberry Pi.

Capítulo 8: Apresenta os resultados obtidos e faz uma análise pormenorizada.

Capítulo 9: Apresenta a conclusão e o âmbito futuro do projeto.

CAPÍTULO 2 : DECLARAÇÃO DO PROBLEMA
2. DECLARAÇÃO DO PROBLEMA

O processamento de vídeo é uma técnica que pode ser considerada como um marco para alcançar a inteligência no domínio da visão por computador. Tal como os humanos podem ver o mundo, os computadores também o fazem através de câmaras. Mas, embora as câmaras possam ver o mundo, não têm a capacidade de o compreender como os humanos. O processamento de vídeo pode ser descrito como uma iniciativa para resolver este problema, colmatando as lacunas.

O olho humano consegue distinguir um pássaro de um avião num relance; do mesmo modo, as máquinas podem ser treinadas para o fazer utilizando modelos de deteção de objectos, como os modelos Tensorflow e as cascatas OpenCV. O modelo treinado pode ser utilizado para detetar o objeto numa imagem de vídeo. Um modelo tem a capacidade de detetar os objectos de várias classes e vários objectos no fotograma. Isto pode ser mencionado como a base da visão computacional porque, em todos os outros casos, o resultado da deteção de objectos será utilizado como entrada.

O reconhecimento de objectos é uma versão alargada da deteção de objectos que utiliza a deteção de objectos na fase inicial e, em seguida, mapeia a imagem detectada para um conjunto de dados de amostras relacionadas conhecidas para fazer corresponder as caraterísticas e tentar reconhecer um objeto único. O reconhecimento de objectos é amplamente utilizado para reconhecimento facial, reconhecimento de matrículas e reconhecimento de escrita manual.

O nosso sistema proposto é um esforço para alcançar os dois métodos acima mencionados, a fim de fornecer inteligência aos sistemas de vigilância convencionais.

CAPÍTULO 3 : SISTEMA DE VIGILÂNCIA BASEADO EM OPENCV

3. SISTEMA DE VIGILÂNCIA BASEADO EM OPENVC

Este capítulo apresenta a forma como o sistema existente pode ser melhorado com funcionalidades adicionais e propõe um modelo que integra diferentes tecnologias para um funcionamento eficiente do sistema. É apresentada uma breve descrição do diagrama de blocos, do diagrama de circuitos e do fluxograma.

Este projeto é o nosso esforço para desenvolver um sistema de vigilância inteligente que faz uso de algoritmos de processamento de imagem para detetar objectos que se movem em frente à câmara e alertar as autoridades competentes.

As caraterísticas do projeto são:

1. Desenvolvimento de um sistema de vigilância altamente seguro e inteligente...

2. Detetar os objectos presentes no ambiente em tempo real.

3. Alertar a pessoa em causa de forma segura através do Gmail.

4. São tiradas fotografias do intruso e estas são enviadas para o correio eletrónico.

5. O correio eletrónico é enviado juntamente com o tempo de deteção.

6. O processamento da imagem é efectuado e o objeto detectado é reconhecido.

3.1 Diagrama de blocos do sistema proposto

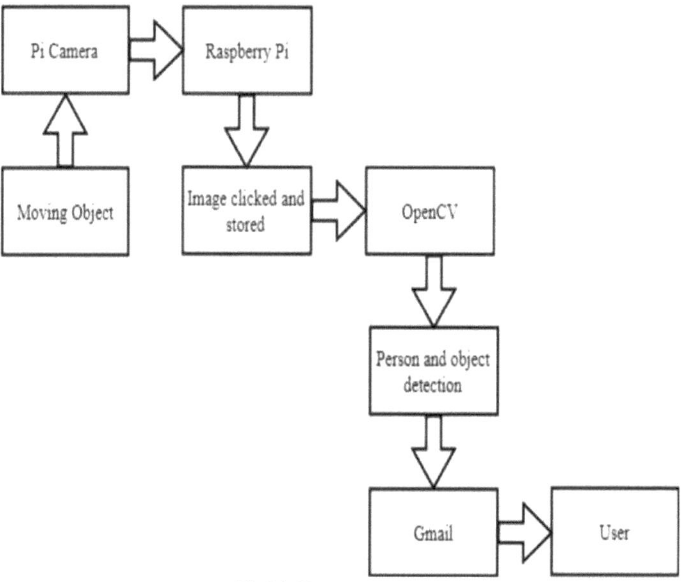

Fig 3.1: Diagrama de blocos

A câmara grava o mundo real e, quando o movimento é detectado no ambiente, envia o vídeo em direto para a pessoa autorizada através da plataforma comum, como o Gmail, a aplicação Telegram ou a Drop Box. É tirada uma imagem do vídeo ao vivo e esta imagem é submetida a um processamento de imagem através do OpenCV e detecta os objectos presentes na imagem e diz se é uma pessoa ou um animal ou qualquer objeto que se esteja a mover dentro da área de vigilância. O Raspberry pi é utilizado para ligar o módulo da câmara e o código é escrito nesse módulo. O OpenCV é utilizado para escrever todo o código operacional. O Gmail é uma aplicação que é utilizada aqui para enviar o vídeo e as imagens em direto para a pessoa ou utilizador autorizado.

3.2 Fluxograma do sistema proposto

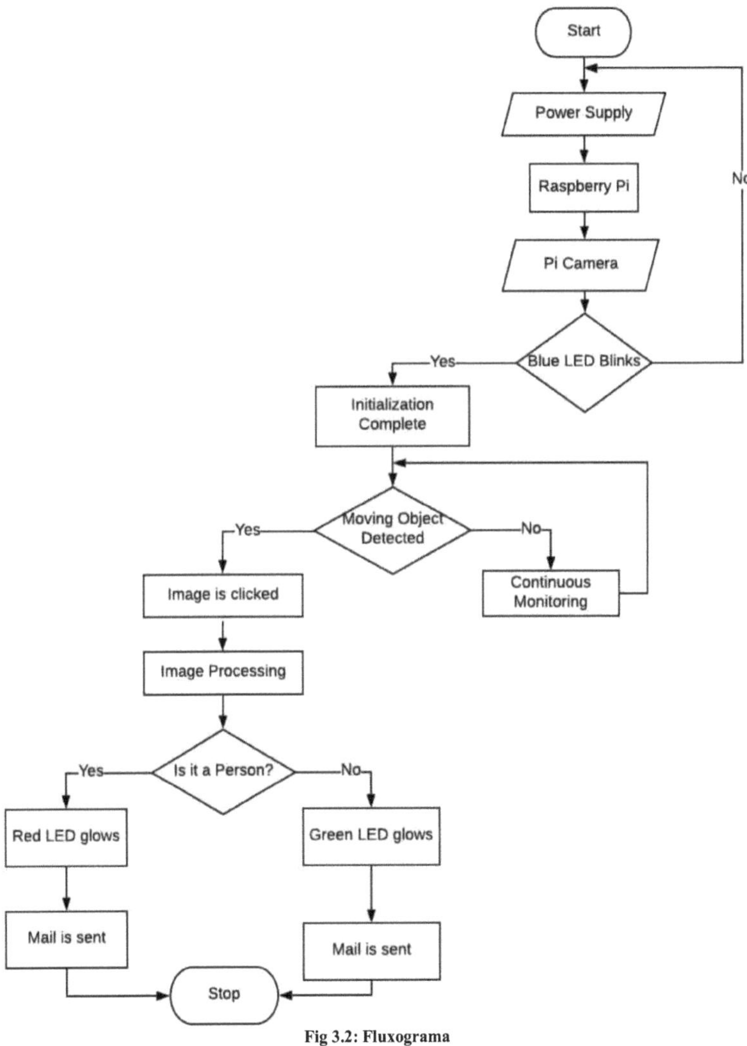

Fig 3.2: Fluxograma

Descrição do fluxograma :

A fonte de alimentação é fornecida ao Raspberry Pi através da porta USB. A câmara Pi é ligada ao Raspberry Pi. Quando o LED azul pisca, indica que o circuito foi iniciado e está pronto a funcionar. Se o LED azul não piscar, desliga-se a fonte de alimentação, ligam-se os componentes corretamente e verifica-se novamente ou os componentes que estão ligados não estão a funcionar corretamente. Em seguida, a condição do objeto em movimento é verificada para continuar o processo. Se a condição não for detectada, monitorizar continuamente o ambiente até encontrar um objeto em movimento.

Se for detectado um objeto em movimento, a imagem será captada pela câmara Pi. Esta imagem será processada para detetar se o objeto em movimento é uma pessoa ou um objeto. Se não for uma pessoa, o LED verde acende-se, indicando que o objeto em movimento detectado é um objeto. Se o objeto em movimento for uma pessoa, o LED vermelho acende-se. Depois de o LED acender, é enviada uma mensagem de correio eletrónico para a pessoa autorizada. O correio eletrónico é anexado à imagem processada, juntamente com a mensagem que alerta a pessoa e a hora a que o intruso foi detectado.

CAPÍTULO 4: REQUISITOS DE HARDWARE E SOFTWARE

4. REQUISITOS DE HARDWARE E SOFTWARE

Este capítulo apresenta os detalhes sobre os componentes de hardware e software utilizados neste projeto. São mencionadas as caraterísticas, as especificações e os pormenores de cada componente.

4.1 Componentes de hardware

O quadro seguinte apresenta a lista de componentes utilizados na deteção e alerta de objectos utilizando o OpenCV no domínio da vigilância.

S.NO	NAME	SPECIFICATIONS	NUMBER
1.	Raspberry Pi	900 MHz 32-bit	1
2.	Pi Camera	2592x1944 stills	1
3.	Connecting wires	Male to Female wires	5
4.	Light Emitting Diode(LED)		3
5.	Printed circuit board		1
6	Power Supply	5V	1

Tabela 4.1 Componentes de hardware

4.1.1 Raspberry Pi

O Raspberry Pi é uma série de pequenos computadores de placa única desenvolvidos no Reino Unido pela Fundação Raspberry Pi para promover o ensino de informática básica nas escolas e nos países em desenvolvimento. O modelo original tornou-se muito mais popular do que o previsto, vendendo-se fora do seu mercado-alvo para utilizações como a robótica. Não inclui periféricos (como teclados e ratos) e caixas. No entanto, alguns acessórios foram incluídos em vários pacotes oficiais e não oficiais.

A organização por detrás do Raspberry Pi é constituída por dois braços. Os dois primeiros modelos foram desenvolvidos pela Raspberry Pi Foundation. Após o lançamento do Pi Modelo B, a Fundação criou a Raspberry Pi Trading, com Eben Upton como CEO, para desenvolver o terceiro modelo, o B+.

A Raspberry Pi Trading é responsável pelo desenvolvimento da tecnologia, enquanto a Fundação é uma instituição de caridade educativa que promove o ensino da informática básica nas escolas e nos países em desenvolvimento.

Fig 4.1 Raspberry Pi

O hardware do Raspberry Pi evoluiu através de várias versões que apresentam variações na capacidade de memória e no suporte de dispositivos periféricos.

O adaptador Ethernet está ligado internamente a uma porta USB adicional. Nos modelos A, A+ e Pi Zero, a porta USB está ligada diretamente ao sistema num chip (So C). No Pi 1 Modelo B+ e modelos posteriores, o chip USB/Ethernet contém um hub USB de cinco portas, das quais quatro portas estão disponíveis, enquanto o Pi 1 Modelo B fornece apenas duas. No Pi Zero, a porta USB também está ligada diretamente ao SoC, mas utiliza uma porta micro USB (OTG).

Prosador do Raspberry Pi :

O SoC Broadcom BCM2835 utilizado na primeira geração do Raspberry Pi inclui um processador ARM11 76JZF-S de 700 MHz, uma unidade de processamento gráfico (GPU) Video Core IV e RAM. Tem uma cache de nível 1 (L1) de 16 KB e uma cache de nível 2 (L2) de 128 KB. A cache de nível 2 é utilizada principalmente pela GPU. O So C está empilhado por baixo do chip de RAM, pelo que apenas a sua extremidade é visível. O 1176JZ(F)-S é o mesmo CPU utilizado no iPhone original, embora com uma velocidade de relógio superior e associado a uma GPU muito mais rápida.

O modelo anterior V1.1 do Raspberry Pi 2 utilizava um SoC Broadcom BCM2836 com um processador ARM Cortex-A7 de 900 MHz de 32 bits e quatro núcleos, com 256 KB de cache L2 partilhada O Raspberry Pi 2 V1.2 foi atualizado para um SoC Broadcom BCM2837 com um

Processador ARM Cortex-A53 quad-core de 1,2 GHz e 64 bits, o mesmo So C que é usado no Raspberry Pi 3, mas com clock reduzido (por padrão) para a mesma velocidade de clock da CPU de 900 MHz que o V1.1. O SoC BCM2836 não está mais em produção desde o final de 2016.

O Raspberry Pi 3+ utiliza um Broadcom BCM2837B0 So C com um processador ARM Cortex-A53 quad-core de 1,4 GHz e 64 bits, com 512 KB de cache L2 partilhada.

Desempenho do Raspberry Pi:

Enquanto funcionava a 700 MHz por defeito, a primeira geração do Raspberry Pi fornecia um desempenho no mundo real aproximadamente equivalente a 0,041 GFLOPS. Ao nível da CPU, o desempenho é semelhante ao de um Pentium II de 300 MHz de 1997-99. A GPU fornece 1 G pixel/s ou 1,5 G pixel/s de processamento gráfico ou 24 GFLOPS de desempenho de computação para fins gerais. As capacidades gráficas do Raspberry Pi são aproximadamente equivalentes ao desempenho da Xbox de 2001.

O Raspberry Pi 2 V1.1 incluía um CPU Cortex-A7 quad-core a 900 MHz e 1 GB de RAM. Foi descrito como 4-6 vezes mais potente do que o seu antecessor. A GPU era idêntica à original. Em benchmarks paralelos, o Raspberry Pi 2 V1.1 podia ser até 14 vezes mais rápido do que um Raspberry Pi 1 Modelo B+.

O Raspberry Pi 3, com um processador ARM Cortex-A53 quad-core, é descrito como tendo dez vezes o desempenho de um Raspberry Pi 1. Isto foi sugerido como sendo altamente dependente do encadeamento de tarefas e da utilização do conjunto de instruções. Os testes de referência mostraram que o Raspberry Pi 3 é aproximadamente 80% mais rápido do que o Raspberry Pi 2 em tarefas paralelas

Ligações de entrada e saída do Raspberry Pi

Raspberry Pi 1 Modelos A+ e B+, Pi 2 Modelo B, Pi 3 Modelos A+, B e B+, e Pi Zero e Zero W GPIO J8 têm uma saída de pinos de 40 pinos. Os modelos A e B do Raspberry Pi 1 têm apenas os primeiros 26 pinos.

O Modelo B rev. 2 também tem um bloco (chamado P5 na placa e P6 nos esquemas) de 8 pinos que oferece acesso a mais 4 ligações GPIO.

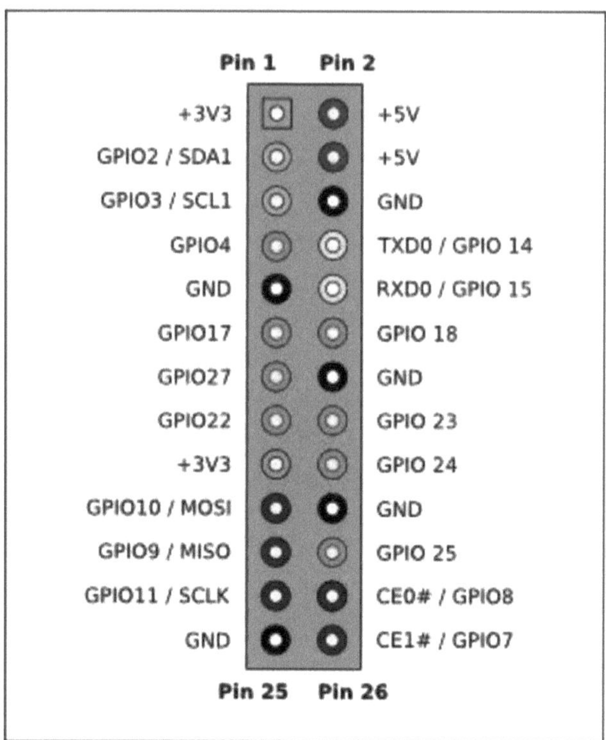

Fig 4.2 Diagrama de pinos do Raspberry Pi

Os modelos A e B fornecem acesso GPIO ao LED de estado do ACT utilizando o GPIO 16. Os modelos A+ e B+ fornecem acesso GPIO ao LED de estado ACT utilizando o GPIO 47 e ao LED de estado de alimentação utilizando o GPIO 35.

Periféricos do Raspberry Pi

O Raspberry Pi pode ser operado com qualquer teclado e rato USB genéricos de computador. Também pode ser utilizado com armazenamento USB, conversores USB para MIDI e praticamente qualquer outro dispositivo/componente com capacidades USB.

Outros periféricos podem ser ligados através dos vários pinos e conectores na superfície do Raspberry Pi.

Ram de Raspberry Pi

Nas placas beta mais antigas do Modelo B, 128 MB eram alocados por padrão para a

GPU, deixando 128 MB para a CPU. Na primeira versão de 256 MB do Modelo B (e Modelo A), eram possíveis três divisões diferentes. A divisão padrão era de 192 MB (RAM para CPU), o que deveria ser suficiente para decodificação de vídeo 1080p independente, ou para 3D simples, mas provavelmente não para ambos juntos. 224 MB era apenas para Linux, com apenas um buffer de quadros de 1080p, e provavelmente falharia para qualquer vídeo ou 3D. 128 MB era para heavy3D, possivelmente também com descodificação de vídeo (por exemplo, XBMC). Comparativamente, o Nokia 701 usa 128 MB para o Broadcom Video Core IV

Para o Modelo B posterior com 512 MB de RAM, novos arquivos de divisão de memória padrão (arm256_start.elf, arm384_start.elf, arm496_start.elf) foram inicialmente lançados para 256 MB, 384 MB e 496 MB de RAM de CPU (e 256 MB, 128 MB e 16 MB de RAM de vídeo) respetivamente. Mas uma semana depois o RPF lançou uma nova versão do start.elf que podia ler uma nova entrada no config.txt e podia atribuir dinamicamente uma quantidade de RAM (de 16 a 256 MB em passos de 8 MB) para a GPU, então o método antigo de divisão de memória se tornou obsoleto, e um único start.elf funcionou da mesma forma para 256 MB e 512 MB Raspberry Pins O Raspberry Pi 2 e o Raspberry Pi 3 têm 1 GB de RAM. O Raspberry Pi Zero e o Zero W têm 512MB de RAM.

3.1.1 Câmara Pi

O módulo de câmara Raspberry Pi pode ser utilizado para gravar vídeos de alta definição, bem como fotografias. É fácil de usar para principiantes, mas tem muito para oferecer aos utilizadores avançados se quiser expandir os seus conhecimentos. Existem muitos exemplos online de pessoas que o utilizam para fazer time-lapse, slow-motion e outros tipos de vídeos inteligentes. Também pode utilizar as bibliotecas que incluímos no pacote da câmara para criar efeitos.

Se estiver interessado nos pormenores, vai querer saber que o módulo tem uma câmara de cinco megapixéis de focagem fixa que suporta os modos de vídeo 1080p30, 720p60 e VGA90, bem como a captura de fotografias. Liga-se através de um cabo de fita de 15 cm à porta CSI do Raspberry Pi. Pode ser acedida através das APIs MMAL e V4L, e existem inúmeras bibliotecas de terceiros construídas para ela, incluindo a biblioteca Picamera Python.

O módulo de câmara é muito popular em aplicações de segurança doméstica e em armadilhas para a vida selvagem. Também pode ser utilizado para tirar fotografias instantâneas.

Caraterísticas da câmara Pi

- Sensor de 5MP

* Imagem mais ampla, com capacidade para fotografias de 2592x1944 e vídeo de 1080p30
* Vídeo 1080p suportado
* CSI
* Tamanho: 25 x 20 x 9 mm

Detalhes de Pi Camera

A câmara é constituída por uma pequena placa de circuito (25 mm por 20 mm por 9 mm), que se liga ao conetor de barramento Camera Serial Interface (CSI) do Raspberry Pi através de um cabo de fita flexível. O sensor de imagem da câmara tem uma resolução nativa de cinco megapixéis e uma lente de focagem fixa. O software para a câmara suporta imagens fixas de resolução total até 2592x1944 e resoluções de vídeo de 1080p30, 720p60 e 640x480p60/90. O módulo da câmara é apresentado abaixo.

Fig 4.3 Câmara Pi

A instalação implica ligar o cabo de fita ao conetor CSI na placa Raspberry Pi. Isto pode ser um pouco complicado, mas se vir os vídeos que demonstram como se faz, não deverá ter problemas.

Quando compra a câmara, recebe uma pequena placa de câmara e um cabo. Para poder utilizar a câmara, é necessário criar um método de suporte. Estão disponíveis alguns suportes para a câmara e caixas para Raspberry Pi. Se desejar, também pode montar algo simples.

3.1.2 Sistema operativo do Raspberry Pi

A Fundação Raspberry Pi fornece Raspbian, uma distribuição Linux baseada em Debian para download, bem como Ubuntu de terceiros, Windows 10 IoT Core, RISC OS e distribuições especializadas de centros de mídia. Promove Python e Scratch como as principais linguagens de programação, com suporte para muitas outras linguagens. O firmware predefinido é de código fechado, embora esteja disponível um código aberto não oficial. Muitos outros sistemas operativos podem também correr no Raspberry Pi, incluindo o microkernel formalmente verificado, seL4. Outros sistemas operativos de terceiros disponíveis através do sítio Web oficial incluem o Ubuntu MATE, o Windows 10 IoT Core, o RISC OS e distribuições especializadas para o centro multimédia Kodi e a gestão de salas de aula.

Desde a sua criação, a câmara é suportada na versão mais recente do Raspbian, o sistema operativo preferido para o Raspberry Pi. As instruções nesta publicação do blogue assumem que está a executar o Raspbian. O primeiro passo é obter o firmware mais recente do Raspberry Pi, que suporta a câmara. Em seguida, é necessário ativar a câmara a partir do programa de configuração do Raspberry Pi

Escolha "camera" no programa e, em seguida, selecione "Enable support for Raspberry Pi camera". Deverá então reiniciar quando o programa raspi-config o solicitar. A câmara será activada nos arranques seguintes do Raspberry Pi.

Várias aplicações devem agora estar disponíveis para a câmara: o programa rapistill capta imagens, o raspivid capta vídeos e o raspivid capta imagens não comprimidas em formato YUV. Estes são programas de linha de comandos. Aceitam um certo número de opções, que estão documentadas se correr os comandos sem opções. Essa referência também descreve algumas coisas mais sofisticadas que podem ser feitas, como transmitir o vídeo pela rede e visualizá-lo noutro computador.

Se quiser examinar o código fonte dos programas, reportar bugs ou compilá-los você mesmo, eles são mantidos no projeto no github. Pode fazer a compilação cruzada ou construir as ferramentas nativamente no Raspberry Pi.

1. **Espaço do utilizador V4L2 Driver**
    a. Os controladores da câmara são proprietários, no sentido em que não seguem quaisquer APIs normalizadas. Isto significa que as aplicações têm de ser escritas especificamente para a câmara do Raspberry Pi. No Linux, a API padrão para câmaras (incluindo câmaras web) é a V4L (Video for Linux), e foram escritas várias aplicações que suportam qualquer câmara com um controlador V4L. Um programador independente escreveu agora um controlador V4L de espaço de utilizador para a câmara Raspberry Pi. Com esse driver, é possível usar aplicações Linux genéricas escritas para câmaras. O driver tem algumas limitações: é de código fechado e pode ser um pouco lento porque é executado

como um programa de utilizador em vez de um driver de kernel.

2. Driver oficial V4L2

    a. Reconhecendo que um driver V4L é necessário, a Raspberry Pi Foundation informou que eles estavam trabalhando com a Broadcom para desenvolver um driver V4L oficial para o kernel. Como um driver do kernel, ele deve ser mais rápido do que o driver do espaço do usuário. O driver oficial ficou disponível em dezembro de 2013.

    b. O controlador ainda é bastante recente e parece que ainda não foi experimentado por muitas pessoas. A última distribuição Raspbian e o último firmware de arranque da Raspberry Pi são necessários para a sua utilização. Também será necessário construir algum código. Em teoria, qualquer aplicação de câmara escrita para usar as APIs V4L deve funcionar com o driver. Encorajo-vos a experimentá-lo e a reportar todos os resultados positivos ou negativos aos programadores.

3.1.3 Díodo emissor de luz

Um díodo emissor de luz (LED) é uma fonte de luz semicondutora. Os LEDs são utilizados como lâmpadas indicadoras em muitos dispositivos e são cada vez mais utilizados para iluminação. Introduzidos como componentes electrónicos práticos em 1962, os primeiros LED emitiam luz vermelha de baixa intensidade, mas as versões modernas estão disponíveis nos comprimentos de onda visível, ultravioleta e infravermelho, com um brilho muito elevado. A estrutura interna e as partes de um LED são apresentadas nas figuras seguintes.

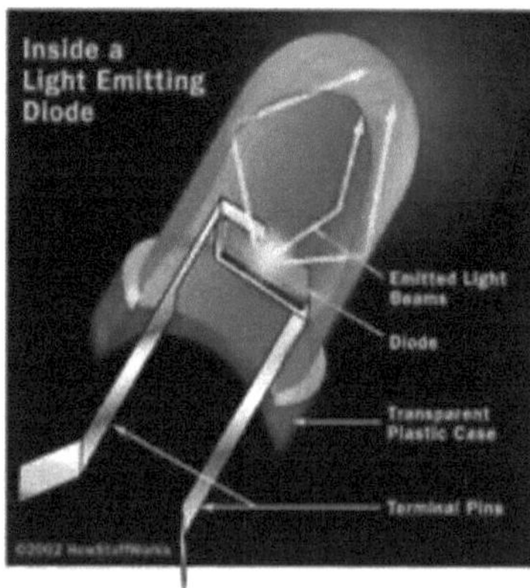

Fig 4.4 Interior do LED

A estrutura da luz LED é completamente diferente da estrutura da lâmpada eléctrica. Surpreendentemente, o LED tem uma estrutura simples e forte. O material semicondutor emissor de luz é o que determina a cor do LED. O LED é baseado no díodo semicondutor.

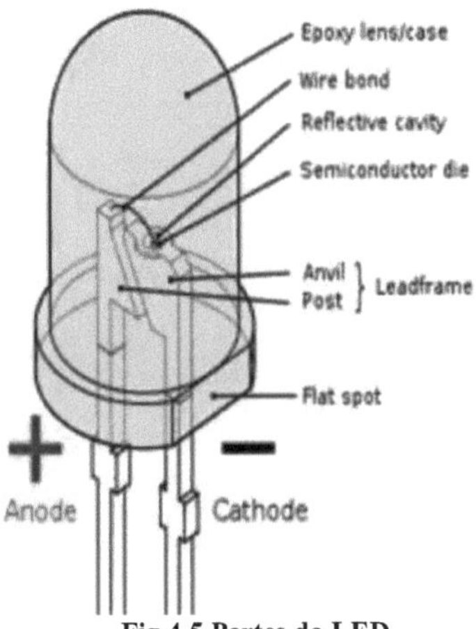

Fig 4.5 Partes do LED

Quando um díodo é polarizado para a frente (ligado), os electrões são capazes de se recombinar com os buracos no interior do dispositivo, libertando energia sob a forma de fotões. Este efeito é designado por eletroluminescência e a cor da luz (correspondente à energia do fotão) é determinada pelo intervalo de energia do semicondutor. Um LED tem normalmente uma área pequena (menos de 1 mm2) e são utilizados componentes ópticos integrados para moldar o seu padrão de radiação e ajudar na reflexão. Os LED apresentam muitas vantagens em relação às fontes de luz incandescentes, incluindo um menor consumo de energia, uma vida útil mais longa, maior robustez, dimensões mais reduzidas, comutação mais rápida e maior durabilidade e fiabilidade. No entanto, são relativamente caros e exigem uma gestão mais precisa da corrente e do calor do que as fontes de luz tradicionais. Os actuais produtos LED para iluminação geral são mais caros do que as fontes de lâmpadas fluorescentes de potência comparável. Também podem ser utilizados em aplicações tão diversas como a substituição de fontes de luz tradicionais na iluminação automóvel (em especial nos indicadores) e nos sinais de trânsito. O tamanho compacto dos LEDs permitiu o desenvolvimento de novos ecrãs e sensores de texto e vídeo, enquanto as suas elevadas taxas de comutação são úteis em tecnologias de comunicação avançadas.

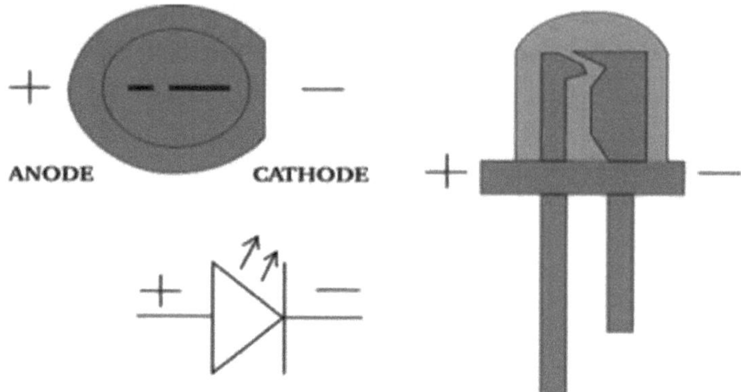

Fig 4.6 Símbolo elétrico e polaridades do LED

As luzes LED têm uma variedade de vantagens em relação a outras fontes de luz:

1. Brilho e intensidade elevados
2. Alta eficiência
3. Requisitos de baixa tensão e corrente
4. Baixa radiação de calor
5. Elevada fiabilidade (resistente a choques e vibrações)
6. Sem raios UV
7. Longa vida útil da fonte
8. Pode ser facilmente controlado e programado

As aplicações do LED dividem-se em três categorias principais:

1. Aplicação de sinais visuais em que a luz passa mais ou menos diretamente do LED para o olho humano, para transmitir uma mensagem ou um significado.
2. Iluminação em que a luz LED é reflectida do objeto para dar uma resposta visual a esses objectos.
3. Gerar luz para medir e interagir com processos que não envolvam o sistema visual humano.

4.1.5 Placa de circuito impresso

Uma placa de circuito impresso básica é constituída por uma folha plana de material isolante e uma camada de folha de cobre, laminada ao substrato. A gravação química divide o cobre em linhas condutoras separadas designadas por pistas ou traços de circuito, almofadas para ligações, vias para passar ligações entre camadas de cobre e caraterísticas como áreas condutoras sólidas para blindagem EM ou outros fins. As pistas funcionam como fios fixos no seu lugar e são isoladas umas das outras pelo ar e pelo material do substrato da placa. A superfície de uma placa de circuito impresso pode ter um revestimento que proteja o cobre da corrosão e reduza as possibilidades de curto-circuitos entre as pistas ou de contactos eléctricos indesejados com fios desencapados. Pela sua função de ajudar a evitar curtos-circuitos de soldadura, o revestimento é designado por resistência de soldadura.

Uma placa de circuito impresso pode ter várias camadas de cobre. Uma placa de duas camadas tem cobre em ambos os lados; as placas de várias camadas colocam camadas adicionais de cobre entre camadas de material isolante. Os condutores em diferentes camadas são ligados por vias, que são orifícios revestidos a cobre que funcionam como túneis eléctricos através do substrato isolante. Por vezes, os condutores de componentes através de orifícios também funcionam efetivamente como vias. Depois das PCB de duas camadas, o passo seguinte é normalmente de quatro camadas. Muitas vezes, duas camadas são dedicadas à fonte de alimentação e aos planos de terra e as outras duas são utilizadas para a cablagem de sinais entre componentes.

Os componentes de "furo passante" são montados pelos seus fios que passam através da placa e são soldados a traços do outro lado. Os componentes de "montagem à superfície" são ligados pelos seus fios a traços de cobre no mesmo lado da placa. Uma placa pode utilizar ambos os métodos de montagem de componentes. Atualmente, são raras as placas de circuito impresso com componentes montados apenas através de orifícios. A montagem à superfície é utilizada para transístores, díodos, pastilhas IC, resistências e condensadores. A montagem através de orifícios pode ser utilizada para alguns componentes de grandes dimensões, como condensadores electrolíticos e conectores.

O padrão a gravar em cada camada de cobre de uma placa de circuito impresso é designado por "trabalho artístico". A gravação é normalmente efectuada utilizando um material fotorresistente que é revestido na placa de circuito impresso e depois exposto à luz projectada no padrão da obra de arte. O material de resistência protege o cobre da dissolução na solução de gravação. A placa gravada é depois limpa. O desenho de uma placa de circuito impresso pode ser produzido em massa de forma semelhante à duplicação em massa de fotografias a partir de negativos de filmes, utilizando uma impressora fotográfica.

Nas placas multicamadas, as camadas de material são laminadas numa sanduíche alternada: cobre, substrato, cobre, substrato, cobre, etc.; cada plano de cobre é gravado e quaisquer vias internas (que não se estendam a ambas as superfícies exteriores da placa multicamada acabada) são revestidas, antes de as camadas serem laminadas. Apenas as camadas exteriores precisam de ser revestidas; as camadas interiores de cobre são protegidas pelas camadas de substrato adjacentes. O vidro epóxi FR-4 é o substrato isolante mais comum. Outro material de substrato é o papel de algodão impregnado de resina fenólica, muitas vezes de cor castanha. Quando uma placa de circuito impresso não tem componentes instalados, é designada, de forma menos ambígua, por placa de circuitos impressos (PWB) ou placa de circuitos gravados. No entanto, o termo "placa de circuitos impressos" caiu em desuso. Uma placa de circuito impresso com componentes electrónicos é designada por montagem de circuito impresso (PCA), montagem de placa de circuito impresso ou montagem de PCB (PCBA). Em uso informal, o termo "placa de circuito impresso" significa mais frequentemente "montagem de circuito impresso" (com componentes). O termo preferido do IPC para placas montadas é "circuit card assembly" (CCA) e para backplanes montados é "backplane assemblies". "Cartão" é outro termo informal amplamente utilizado para um "conjunto de circuito impresso".

Uma placa de circuito impresso pode ser impressa em "serigrafia" com uma legenda que identifique os componentes, pontos de teste ou texto de identificação. Originalmente, era utilizado um processo de serigrafia para este efeito, mas atualmente são utilizados outros métodos de impressão de melhor qualidade. Normalmente, a serigrafia não é significativa para o funcionamento do PCBA.

Uma placa de circuito impresso mínima para um único componente, utilizada para prototipagem, é designada por placa de separação. O objetivo de uma placa de breakout é "separar" os fios de um componente em terminais separados, de modo a que as ligações manuais aos mesmos possam ser feitas facilmente. As placas de separação são especialmente utilizadas para componentes de montagem em superfície ou quaisquer componentes com um passo de chumbo fino.

Propriedades da placa de circuito impresso

Cada traço é constituído por uma parte plana e estreita da folha de cobre que permanece após a gravação. A sua resistência, determinada pela sua largura, espessura e comprimento, deve ser suficientemente baixa para a corrente que o condutor irá transportar. Os traços de alimentação e de terra podem ter de ser mais largos do que os traços de sinal. Numa placa multicamada, uma camada inteira pode ser maioritariamente de cobre sólido para atuar como plano de terra para blindagem e retorno de potência. Para os circuitos de micro-ondas, as linhas de transmissão podem ser dispostas numa forma plana, como uma linha de tira ou uma micro tira, com dimensões cuidadosamente controladas para assegurar uma impedância consistente. Nos circuitos de radiofrequência e de comutação rápida, a indutância e a capacitância dos condutores da placa de circuitos impressos tornam-se elementos significativos do circuito, normalmente indesejáveis; em contrapartida, podem ser utilizadas como parte deliberada da conceção do circuito, como nos filtros de elementos distribuídos, evitando a necessidade de componentes discretos adicionais.

Fig 4.7 Placa de circuito impresso

4.2 Requisitos de software

4.2.1 OpenCV

O Open CV é escrito em C++ e sua interface principal é em C++, mas ainda mantém uma interface antiga em C, menos abrangente, embora extensa. Existem ligações emPython, Java e MATLAB/OCTAVE. A API para estas interfaces pode ser encontrada na documentação em linha. Foram desenvolvidos wrappers noutras linguagens, como C#, Perl, Haskell e Ruby, para incentivar a sua adoção por um público mais vasto.

Desde a versão 3.4, o OpenCV é uma ligação JavaScript para um subconjunto selecionado de funções OpenCV para a plataforma Web.

Todos os novos desenvolvimentos e algoritmos do OpenCV são agora desenvolvidos na interface C++.

Implementação de hardware:

Se a biblioteca encontrar as Integrated Performance Primitives da Intel no sistema, utilizará estas rotinas proprietárias optimizadas para o acelerar.

Uma interface GPU baseada em CUDA está a ser desenvolvida desde setembro de 2010.

Uma interface GPU baseada em Open CV está em andamento desde outubro de 2012, a documentação para a versão 2.4.13.3 pode ser encontrada em docs.opencv.org.

Suporte de SO:

O OpenCV funciona nos seguintes sistemas operativos de secretária: Windows, Linux, mac OS, FreeBSD, Maemo, BlackBerry 10. O utilizador pode obter versões oficiais do Source Forge ou obter as fontes mais recentes do Github. O OpenCV utiliza C Make.

Aplicações do OpenCV:

As áreas de aplicação do Open CV incluem:

1. Conjuntos de ferramentas de caraterísticas 2D e 3D
2. Estimativa do movimento do ego
3. Sistema de reconhecimento facial
4. Reconhecimento de gestos
5. Interação homem-computador (IHC)
6. Robótica móvel
7. Compreensão do movimento
8. Identificação de objectos
9. Segmentação e reconhecimento
10. Stereopsis visão estéreo: perceção da profundidade a partir de 2 câmaras
11. Estrutura a partir do movimento (SFM)
12. Seguimento de movimentos
13. Realidade aumentada

Para apoiar algumas das áreas acima referidas, o OpenCV inclui uma biblioteca de aprendizagem automática estatística que contém:

1. Impulsionamento
2. Aprendizagem por árvore de decisão
3. Árvores de reforço de gradiente
4. Algoritmo de maximização da expetativa
5. algoritmo do vizinho mais próximo (k-nearest neighbor)
6. Classificador Naive Bayes
7. Redes neuronais artificiais
8. Floresta aleatória
9. Máquina de vetor de suporte (SVM)
10. Redes neurais profundas (DNN)

4.2.2 Raspbian

Raspbian é um sistema operativo baseado em Debian para Raspberry Pi. Existem várias versões do Raspbian, incluindo Raspbian Stretch e Raspbian Jessie. Desde 2015 tem sido oficialmente fornecido pela Fundação Raspberry Pi como o principal sistema operativo para a família de computadores de placa única Raspberry Pi. O Raspbian foi criado por Mike Thompson e Peter Green como um projeto independente. A construção inicial foi concluída em junho de 2012. O sistema operativo ainda está em desenvolvimento ativo. O Raspbian é altamente otimizado para as CPUs ARM de baixo desempenho da linha Raspberry Pi.

O Raspbian usa o PIXEL, Pi Improved X-Window Environment, Lightweight como seu ambiente de trabalho principal a partir da última atualização. Ele é composto por um ambiente de desktop LXDE modificado e o gerenciador de janelas de empilhamento Open box com um novo tema e algumas outras mudanças. A distribuição é fornecida com uma cópia do programa de álgebra computacional Mathematical e uma versão do Minecraft chamada Minecraft Pi, bem como uma versão leve do Chromium a partir da versão mais recente.

CAPÍTULO 5: PRINCÍPIO DE FUNCIONAMENTO DO SISTEMA PROPOSTO

5. PRINCÍPIO DE FUNCIONAMENTO DO SISTEMA PROPOSTO

O Raspberry Pi modelo B é o microcontrolador utilizado no projeto. É fornecido com uma fonte de alimentação de 5V para ligar a placa. A fonte de alimentação é fornecida através da porta USB. A câmara Pi é ligada ao Raspberry Pi através da porta Camera Serial Interface. Os LEDs vermelho, azul e verde estão ligados aos pinos GPIO da Raspberry Pi. O pino 2 da GPIO está ligado ao LED vermelho, o pino 3 da GPIO está ligado ao LED verde e o pino 4 da GPIO está ligado ao LED azul. A alimentação eléctrica é fornecida aos pinos do LED através do pino 2 da Raspberry Pi, que é a fonte de alimentação de 5V, e do pino 6, que é o pino de terra. A Raspberry Pi está ligada à rede Wifi.

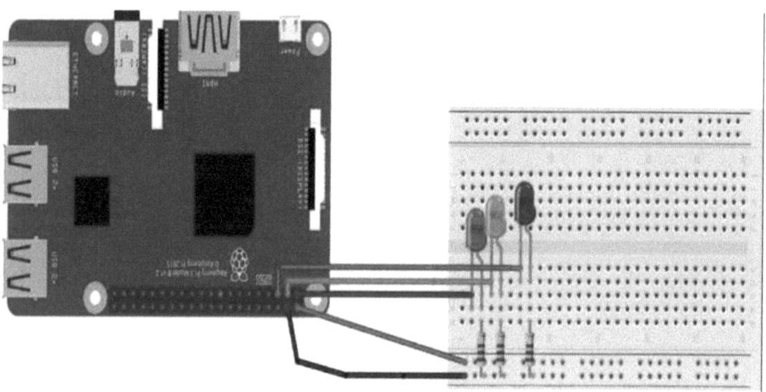

Fig 5.1 Diagrama esquemático

Funcionamento do sistema proposto:

Assim que a fonte de alimentação é fornecida, o LED vermelho da Raspberry Pi e o LED vermelho do módulo Pi Camera piscam, indicando o seu bom funcionamento. Todos os três LEDs brilham simultaneamente quando a Raspberry Pi e a Pi Camera funcionam corretamente. Se os LEDs não estiverem a piscar, isso indica que o circuito não está a funcionar corretamente, que os componentes de hardware ou os fios não estão ligados corretamente ao

Raspberry pi, ou os componentes ligados aos circuitos não estão a funcionar corretamente. Se o circuito emitir calor, desligue-o imediatamente para evitar danos no projeto. Se algum componente não estiver corretamente ligado, desligar o circuito, ligá-lo corretamente e ligar o circuito. O Raspberry Pi é ligado à rede Wifi para continuar a trabalhar no circuito. Esta fase é designada por fase de inicialização.

O LED azul acende continuamente após a fase de inicialização. O LED azul a piscar indica que a câmara teve tempo suficiente para se inicializar e está pronta para tirar fotografias. A câmara não pode tirar fotografias continuamente assim que é ligada, tem de lhe ser dado algum tempo para a inicialização e as definições corretas. Depois de o LED azul piscar, se surgir algum obstáculo à frente da câmara, esta clica na imagem e guarda-a no ficheiro da Raspberry Pi. A imagem passa para a fase seguinte, onde é processada utilizando o OpenCV para analisar a imagem e detetar o intruso presente na imagem. O intruso é reconhecido como uma pessoa ou um objeto.

A imagem é processada utilizando o OpenCV, sendo-lhe aplicados os algoritmos de deteção de objectos e de deteção de pessoas. Se for detectada uma pessoa, o LED vermelho acende, se for detectado um objeto, o LED verde acende e, simultaneamente, é enviado um e-mail à pessoa autorizada, juntamente com a imagem processada incluída no mesmo, com uma mensagem a alertar a pessoa para a hora a que foi detectado um intruso e a imagem foi tirada.

O assunto da mensagem de correio eletrónico inclui a mensagem " ***Objeto/Alerta de intruso*** D- M-Y-H-M (Hora) ", o corpo da mensagem inclui " ***ALERTA*** Objeto/Intruso detectado, verifique a fotografia anexa " e a imagem é anexada ao correio eletrónico.

CAPÍTULO 6 : METODOLOGIA DO SISTEMA PROPOSTO

6. METODOLOGIA DO SISTEMA PROPOSTO

6.1 Cascata de Haar

O Haar Cascade é um algoritmo de deteção de objectos de aprendizagem automática utilizado para identificar objectos numa imagem ou vídeo e baseia-se no conceito de caraterísticas proposto por Paul Viola e Michael Jones no seu artigo "Rapid Object Detection using a Boosted Cascade of Simple Features"[5] em 2001.

Trata-se de uma abordagem baseada na aprendizagem automática em que uma função em cascata é treinada a partir de um grande número de imagens positivas e negativas. Esta é depois utilizada para detetar objectos noutras imagens. O algoritmo tem quatro fases:

1. Seleção de caraterísticas Haar
2. Criar imagens integrais
3. Formação Adaboost
4. Classificadores em cascata

É bem conhecido por ser capaz de detetar rostos e partes do corpo numa imagem, mas pode ser treinado para identificar quase todos os objectos.

Tomemos como exemplo a deteção de rostos. Inicialmente, o algoritmo precisa de um grande número de imagens positivas de rostos e de imagens negativas sem rostos para treinar o classificador. Em seguida, é necessário extrair caraterísticas dessas imagens.

O primeiro passo é recolher as caraterísticas Haar. Uma caraterística Haar considera regiões rectangulares adjacentes num local específico de uma janela de deteção, soma as intensidades dos pixels em cada região e calcula a diferença entre essas somas.

Esta diferença é depois utilizada para categorizar subsecções de uma imagem. Por exemplo, digamos que temos uma base de dados de imagens com rostos humanos. É uma observação comum que, entre todos os rostos, a região dos olhos é mais escura do que a região das bochechas. Por conseguinte, uma caraterística Haar comum para a deteção de rostos é um conjunto de dois rectângulos adjacentes que se situam acima da região dos olhos e da região das bochechas. A posição destes rectângulos é definida em relação a uma janela de deteção que funciona como uma caixa delimitadora do objeto alvo (neste caso, o rosto).

Mas entre todas estas caraterísticas que calculámos, a maior parte delas é irrelevante. Por

exemplo, considere a imagem abaixo. A linha superior mostra duas boas caraterísticas. A primeira
caraterística selecionada parece centrar-se na propriedade de a região dos olhos ser
frequentemente mais escura do que a região do nariz e das bochechas.

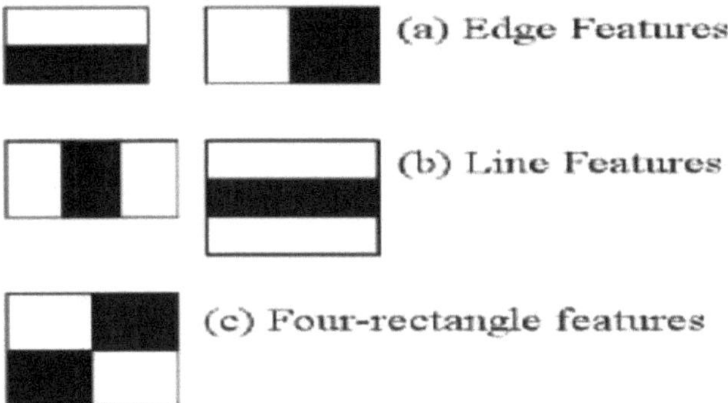

Fig 6.1 Deteção de caraterísticas

A segunda caraterística selecionada baseia-se na propriedade de os olhos serem mais
escuros do que a ponte do nariz. Mas as mesmas janelas que se aplicam às bochechas ou a
qualquer outro sítio são irrelevantes.

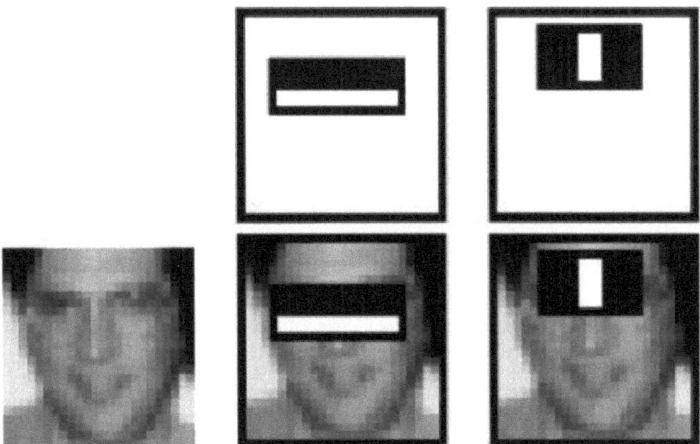

Fig 6.2 Análise de caraterísticas

Então, como é que seleccionamos as melhores caraterísticas entre mais de 160000
caraterísticas? Isto é conseguido utilizando um conceito chamado Adaboost que seleciona as
melhores caraterísticas e treina os classificadores que as utilizam. Este algoritmo constrói um
classificador "forte" como uma combinação linear de classificadores "fracos" simples

ponderados.

Durante a fase de deteção, uma janela com o tamanho pretendido é movida sobre a imagem de entrada e, para cada subsecção da imagem, são calculadas as caraterísticas Haar. Pode ver isto em ação no vídeo abaixo. Esta diferença é então comparada com um limiar aprendido que separa os não-objetos dos objectos. Como cada caraterística Haar é apenas um "classificador fraco" (a sua qualidade de deteção é ligeiramente melhor do que a adivinhação aleatória), é necessário um grande número de caraterísticas Haar para descrever um objeto com precisão suficiente, pelo que são organizadas em classificadores em cascata para formar um classificador forte.

Fig 6.3 Classificador em cascata

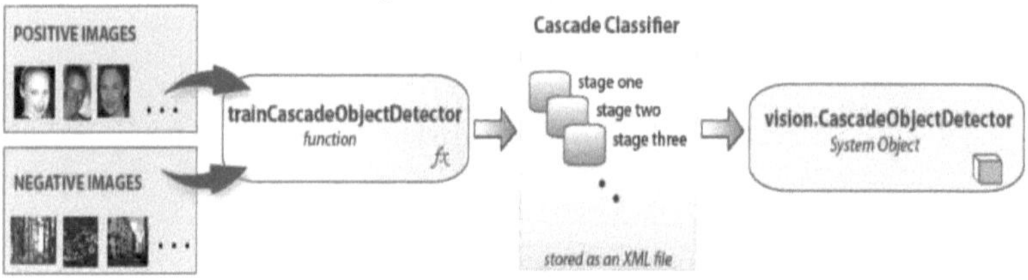

O classificador em cascata é constituído por um conjunto de etapas, em que cada etapa é um conjunto de aprendizes fracos. Os alunos fracos são classificadores simples designados por cotos de decisão. Cada fase é treinada utilizando uma técnica designada por boosting. O reforço permite formar um classificador de elevada precisão através de uma média ponderada das decisões tomadas pelos alunos fracos.

Cada fase do classificador rotula a região definida pela localização atual da janela deslizante como positiva ou negativa. Positivo indica que foi encontrado um objeto e negativo indica que não foram encontrados objectos. Se a etiqueta for negativa, a classificação desta região está concluída e o detetor desliza a janela para a localização seguinte. Se a etiqueta for positiva, o classificador passa a região para a fase seguinte. O detetor reporta um objeto encontrado na localização atual da janela quando a fase final classifica a região como positiva.

As fases são concebidas para rejeitar amostras negativas o mais rapidamente possível. O pressuposto é que a grande maioria das janelas não contém o objeto de interesse. Por outro lado, os verdadeiros positivos são raros e vale a pena dedicar algum tempo a verificar.

1. Um verdadeiro positivo ocorre quando uma amostra positiva é corretamente classificada.

2. Um falso positivo ocorre quando uma amostra negativa é erradamente classificada como

positiva.

3. Um falso negativo ocorre quando uma amostra positiva é erradamente classificada como negativa.

Para funcionar bem, cada fase da cascata deve ter uma taxa baixa de falsos negativos. Se uma fase rotular incorretamente um objeto como negativo, a classificação pára e não é possível corrigir o erro. No entanto, cada fase pode ter uma taxa elevada de falsos positivos. Mesmo que o detetor classifique incorretamente um não objeto como positivo, é possível corrigir o erro nas fases seguintes. A adição de mais fases reduz a taxa global de falsos positivos, mas também reduz a taxa global de verdadeiros positivos.

A formação do classificador requer um conjunto de amostras positivas e um conjunto de imagens negativas. Deve fornecer um conjunto de imagens positivas com regiões de interesse especificadas para serem utilizadas como amostras positivas. Pode utilizar o Image Labeler para rotular objectos de interesse com caixas delimitadoras. O Image Labeler gera uma tabela a ser usada para amostras positivas. Também é necessário fornecer um conjunto de imagens negativas a partir das quais a função gera amostras negativas automaticamente. Para obter uma precisão aceitável do detetor, defina o número de fases, o tipo de caraterística e outros parâmetros da função. A arquitetura em cascata é muito eficiente porque os classificadores com o menor número de caraterísticas são colocados no início da cascata, minimizando o cálculo total necessário.

6.2 Deteção de pessoas

1. Image is captured and stored in a file.
2. Image is read in BGR format.
3. The image is converted into GRAY format for further processing.
4. The code used for detecting person is

   "person = body_cascade.detectMultiscale(gray, 1.3, 5)"

5. **Body_cascade:**

   i) It is a classifier, which is trained with images.

   i i) It is the algorithm to detect the person.

   i i i) This is an XML file.

   i v) This XML file is readily available in OpenCV.

6. The original format of the code that is used for detecting person is

    " CascadeClassifier.detectMultiscale(image, scale factor, minNeighbors)"

7. **CascadeClassifier:**

    i) This is used for detecting the person.

    i i) body_cascade is used here.

    i i i) This is a Haar cascade classifier.

8. **detectMultiscale :**

    i) Only images of particular size are used for training.

    i i) So algorithm works for only that size of images.

    i i i) To make algorithm work for different sizes, it is used.

9. **Image** is the one in the GRAY format, it is used for processing.

10. **Scale factor** parameter determines a trade-off between detection accuracy and speed.

11. **minNeighbors** is used to specify how many neighbors each candidate rectangle should have to retain it.

Explicação:

O classificador em cascata Haar funciona com uma abordagem de janela deslizante. Uma janela é deslizada sobre a imagem e é comparada com os valores das imagens treinadas e, assim, a pessoa pode ser detectada.

A janela deslizante começa com um fator de escala de tamanho e, depois de testar todas as janelas desse tamanho, a janela é aumentada pelo fator de escala e testada novamente, e assim por diante, até que a janela atinja ou exceda o tamanho máximo, que é tomado como fator de escala multiplicado por minNeighbors. Assim, quando esta janela é deslizada na imagem, redimensionada e deslizada novamente, detecta muitos falsos positivos. O parâmetro minNeighbors afecta a qualidade dos rostos detectados. Um valor mais elevado resulta em menos detecções mas com maior qualidade.

A ideia subjacente a este parâmetro é que o detetor será executado num estilo de escala múltipla e, ao mesmo tempo, seguindo a estratégia de janela deslizante. Após este passo, o detetor dá-lhe várias respostas, mesmo para uma única região do rosto. Este parâmetro tende a filtrar estas respostas como se estivesse a definir um limite inferior, ou seja, só será contado como uma face válida se o número de respostas para esta face for superior a minNeighbors.

O parâmetro scaleFactor determina um compromisso entre a precisão e a velocidade da deteção. A janela de deteção começa no tamanho minSize e, depois de testar todas as janelas desse tamanho, a janela é aumentada pelo fator de escala e testada novamente, e assim por diante, até que a janela atinja ou exceda maxSize. Se o fator de escala for grande (por exemplo: 2), haverá menos passos, pelo que a deteção é mais rápida, mas pode perder objectos cujo tamanho está entre duas escalas testadas. Mas as caraterísticas do tipo Haar são inerentemente robustas a alguma pequena variação na escala, por isso não há necessidade de tornar o fator de escala muito pequeno (por exemplo: 1,01), que apenas desperdiça tempo com passos desnecessários. É por isso que a predefinição é 1.3 e não algo mais pequeno.

Existem muitas detecções de faces devido ao redimensionamento da janela deslizante e também muitos falsos positivos. Assim, para eliminar os falsos positivos e obter o retângulo de rosto adequado a partir das detecções, é aplicada a abordagem de vizinhança. Se estiver na vizinhança de outros rectângulos, é possível passá-lo adiante. Este parâmetro tende a filtrar estas respostas, tal como se estivesse a definir um limite inferior, ou seja, só será considerado um rosto válido se o número de respostas para este rosto for superior a minNeighbors.

6.3 Deteção de objectos

1. Image is captured and stored in file.
2. This image is transformed into GRAY format, and this is used for processing.
3. Code used for object detection is

   "cnts = imutils.grab_contours(gray, cnts)

   for c in cnts

   if cv2.contourArea(c) < 5000:"

   Then object is detected.

4. **Imutils :**

   i) This consists of series of functions, which does basic image processing.

   i i) It is used for resizing, rotating, cropping, etc.

5. **Grab_contour :**

   i) Contour is nothing but a boundary or border.

   i i) It is used to detect the borders of all objects present in the image.

   i i i) This processing is done on image which is in GRAY format.

Explicação:

A imagem é armazenada no ficheiro. E a imagem é retirada do ficheiro e é processada utilizando o OpenCV para analisar a imagem e detetar o intruso presente na imagem. A imagem é primeiro convertida para preto e branco e é redimensionada para uma resolução de 320x240. O classificador Haar é aplicado à imagem e procura a pessoa presente na imagem, caso exista. Se a pessoa não for detectada, a imagem é procurada por um objeto. A deteção de objectos pode ser feita utilizando a área de contorno, Grab_contour é utilizado para recolher o contorno do objeto. Depois de recolher o contorno dos objectos, a área do objeto é calculada. Se a área de contorno for inferior a 5000 pixels, é detectado como objeto.

CAPÍTULO 7 : IMPLEMENTAÇÃO DO CÓDIGO
7. IMPLEMENTAÇÃO DO CÓDIGO

<u>Program written on the IDLE:</u>

```python
from picamera import PiCamera
import time
import os
import cv2
import RPi.GPIO as GPIO
from datetime import datetime
import smtplib
from email import Encoders
gmail_user = "raspberry1786@yahoo.in" #Sender email address
gmail_pwd = "password1234" #Sender email password
subject = " *** Alert ***"
otext = "*** ALERT *** Object Detected, Please check the attached photo"
ptext = "*** ALERT *** Person Detected, Please check the attached photo"
time.sleep(0.3)
to = open('/home/pi/email.txt').read()
print to
l1 = 2
l2 = 3
l3 = 4
camera = PiCamera()
camera.resolution = (320, 240)
time.sleep(2.5)
fperson = 0
GPIO.setmode(GPIO.BCM)       # Use BCM GPIO numbers
GPIO.setup(l1, GPIO.OUT)
GPIO.setup(l2, GPIO.OUT)
GPIO.setup(l3, GPIO.OUT)
```

```python
GPIO.output(11, False) # voice
GPIO.output(12, False) # voice
GPIO.output(13, False) # voice
time.sleep(1)
GPIO.output(11, True) # voice
GPIO.output(12, True) # voice
GPIO.output(13, True) # voice
time.sleep(1)
GPIO.output(11, False) # voice
GPIO.output(12, False) # voice
GPIO.output(13, False) # voice
time.sleep(1)
GPIO.output(11, True) # voice
GPIO.output(12, True) # voice
GPIO.output(13, True) # voice
time.sleep(1)
GPIO.output(11, False) # voice
GPIO.output(12, False) # voice
GPIO.output(13, False) # voice
pcount = 0
ocount = 0
for f in camera.capture_continuous(rawCapture):
GPIO.output(13, True) # voice
time.sleep(0.1)
GPIO.output(13, False) # voice
GPIO.output(12, False) # voice
GPIO.output(11, False) # voice
camera.capture('person.jpg')
image = cv2.imread("person.jpg", 1)
gray = cv2.cvtColor(image,cv2.COLOR_BGR2GRAY)
persons = body_cascade.detectMultiScale(gray, 1.3, 5)
if(len(persons) > 0):
```

```python
fperson = 1
pcount = pcount+1;
ocount = 0
for (x,y,w,h) in persons:
cv2.rectangle(image,(x,y),(x+w,y+h),(255,0,0),2)
cv2.putText(image, "PERSON DETECTED", (10, 20))
#Save the result image
cv2.imwrite('result.jpg',image)
if pcount > 1:
 pcount = 0
 print 'person detected - LED ON'
 GPIO.output(11, True) # voice
 time.sleep(4)
 time.sleep(0.7)
 subject = '***Intruder Alert***' + datetime.now().strftime("%y-%m-%d-%H-%M")
 print "Sending email"
 attach = 'result.jpg'
 msg = MIMEMultipart()
 msg['From'] = gmail_user
 msg['To'] = to
 msg['Subject'] = subject
 msg.attach(MIMEText(ptext))
 mailServer = smtplib.SMTP("varshithavasireddy@gmail.com", 587)
 mailServer.login(gmail_user, gmail_pwd)
 mailServer.sendmail(gmail_user, to, msg.as_string())
 mailServer.close()
 print "Email Sent"
 time.sleep(7) # 700 milli second delay
 frame = f.array
 gray = cv2.cvtColor(frame, cv2.COLOR_RGB2GRAY)
 cnts = imutils.grab_contours(gray,cnts)
```

```python
for c in cnts:
if cv2.contourArea(c) < 5000:
continue
(x, y, w, h) = cv2.boundingRect(c)
cv2.rectangle(frame, (x, y), (x + w, y + h), (0, 255, 0), 2)
flag = 1
if flag == 1
cv2.putText(frame, "Object Detected", (10, 20))
cv2.imwrite('object.jpg',frame)
if fperson == 0:
ocount = ocount+1
pcount = 0
if ocount > 4:
ocount = 0
print 'object detected - LED ON'
GPIO.output(12, True) # voice
time.sleep(5)
time.sleep(0.7)
subject = '***Object Alert***' + datetime.now().strftime("%y-%m-%d-%H-%M")
print "Sending email"
attach = 'object.jpg'
msg = MIMEMultipart()
msg['From'] = gmail_user
msg['To'] = to
msg['Subject'] = subject
msg.attach(MIMEText(otext))
mailServer = smtplib.SMTP("varshithavasireddy@gmail.com", 587)
mailServer.login(gmail_user, gmail_pwd)
mailServer.sendmail(gmail_user, to, msg.as_string())
mailServer.close()
print "Email Sent"
time.sleep(7) # 700 milli second delay
```

```python
rawCapture.truncate(0)
fperson = 0
flag = 0
time.sleep(0.1)
```

CAPÍTULO 8 : RESULTADOS E DISCUSSÕES
8. RESULTADOS E DISCUSSÕES

Este capítulo explica sucintamente o protótipo do projeto e a forma como o protótipo fornece a análise dos resultados do projeto.

8.1 Protótipo do projeto

Etapa 1: A montagem do circuito.

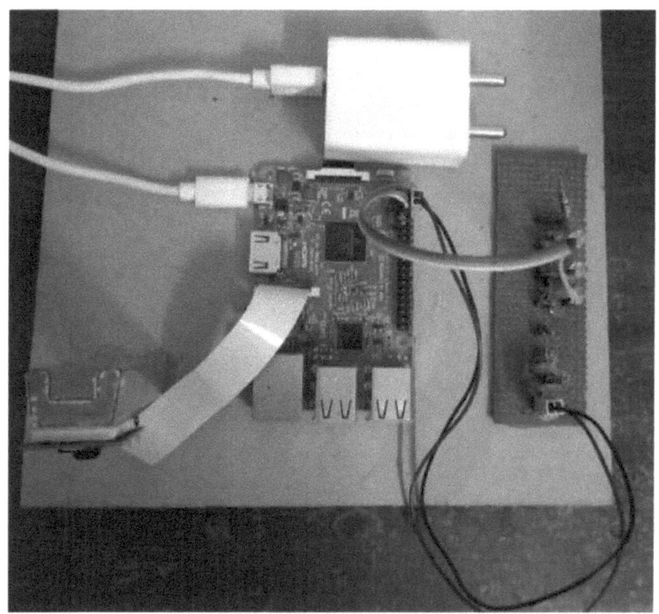

Fig 8.1 Protótipo do projeto

O Raspberry Pi modelo B é o microcontrolador utilizado no projeto. É fornecido com uma fonte de alimentação de 5V para ligar a placa. A câmara Pi é ligada ao Raspberry Pi através da porta Camera Serial Interface. Os LEDs vermelho, azul e verde estão ligados aos pinos GPIO do Raspberry Pi. O pino 2 da GPIO está ligado ao LED vermelho, o pino 3 da GPIO está ligado ao LED verde e o pino 4 da GPIO está ligado ao LED azul. A alimentação eléctrica é fornecida aos pinos do LED através do pino 2 da Raspberry Pi, que é a fonte de alimentação de 5V, e do pino 6, que é o pino de terra. A Raspberry Pi está ligada à rede Wifi.

8.2 Análise de resultados

Etapa 2: Inicialização do circuito

Fig 8.2 Fase de inicialização

Esta fase é designada por inicialização do circuito. Esta é a fase crucial do projeto, que indica o estado do circuito. Sem o bom funcionamento desta fase, o projeto não pode avançar para as fases seguintes. Assim que a fonte de alimentação é fornecida, o LED vermelho do Raspberry Pi e o LED vermelho do módulo Pi Camera piscam, indicando o seu bom funcionamento. Todos os três LEDs brilham simultaneamente quando a Raspberry Pi e a Pi Camera funcionam corretamente. Se os LEDs não estiverem a piscar, isso indica que o circuito não está a funcionar corretamente, que os componentes de hardware ou os fios não estão ligados corretamente à Raspberry Pi ou que os componentes ligados aos circuitos não estão a funcionar corretamente. Se o circuito emitir calor, desligue-o imediatamente para evitar danos no projeto. O circuito deve ser mantido afastado do contacto com o fogo ou a água.

Se algum componente não estiver corretamente ligado, desligar o circuito, ligá-lo corretamente e voltar a ligar o circuito. O Raspberry Pi está ligado à rede Wifi para continuar a funcionar com o circuito.

Passo 3: Câmara pronta para captar imagens

Fig 8.3 O LED azul brilha continuamente

O LED azul acende continuamente após a fase de inicialização. O LED azul a piscar indica que a câmara teve tempo suficiente para se inicializar e está pronta para tirar fotografias. A câmara não pode tirar fotografias continuamente assim que é ligada, tem de lhe ser dado algum tempo para a inicialização e as definições corretas. Depois de o LED azul piscar, se surgir algum obstáculo à frente da câmara, esta clica na imagem e guarda-a no ficheiro da Raspberry Pi. A imagem passa para a fase seguinte, onde é processada utilizando o OpenCV para analisar a imagem e detetar o intruso presente na imagem. O intruso é reconhecido como uma pessoa ou um objeto.

Passo 4: Deteção da pessoa e do objeto na imagem.
Caso 1: Deteção de pessoas e alerta da pessoa autorizada através do envio de correio eletrónico

Fig 8.4 O LED vermelho acende

Nesta fase, o intruso é detectado e reconhecido se se trata de uma pessoa ou de um objeto. Depois de reconhecer o intruso, é enviado um e-mail à pessoa autorizada utilizando o Raspberry Pi, mas para enviar o e-mail o Raspberry Pi tem de estar ligado ao Wifito para enviar o e-mail. Depois de o LED azul piscar, ou seja, depois da inicialização da câmara, se algum obstáculo aparecer à frente da câmara, esta tira uma fotografia e guarda-a no ficheiro da Raspberry Pi. A imagem é retirada do ficheiro e é processada utilizando o OpenCV para analisar a imagem e detetar o intruso presente na imagem. A imagem é primeiro convertida para preto e branco e redimensionada para uma resolução de 320x240. O classificador Haar é aplicado à imagem e procura a pessoa presente na imagem, caso exista. O classificador Haar é aplicado para detetar o corpo inteiro da pessoa. Se detetar a pessoa na imagem, é desenhado um retângulo à volta da pessoa, que é guardado noutro ficheiro. Simultaneamente, assim que a pessoa é detectada, o LED vermelho acende e o correio é enviado para a pessoa autorizada. O classificador Haar detecta todas as pessoas presentes na imagem de forma muito eficaz em menos tempo, razão pela qual é utilizado para detetar o intruso. Um retângulo azul é desenhado à volta da pessoa para a destacar. Por cima do retângulo está escrito "pessoa detectada".

Esta é armazenada num ficheiro. É enviada uma mensagem de correio eletrónico para alertar a pessoa autorizada, na qual é inserida a imagem que é armazenada após o processamento.

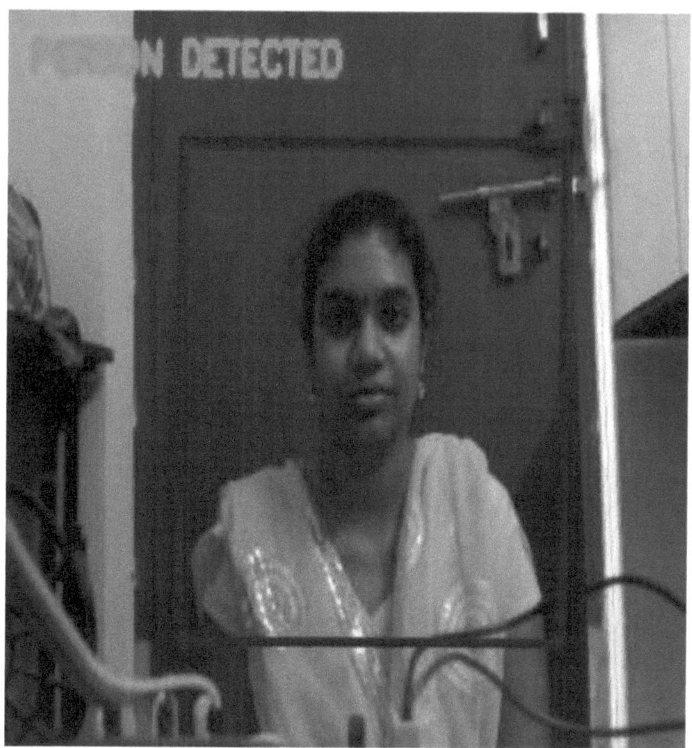

Fig 8.5 Deteção de pessoas

No correio eletrónico, juntamente com a imagem, são incluídos o assunto e a mensagem a enviar à pessoa. No assunto, é escrita uma mensagem a dizer Intruder Alert (Alerta de intruso) e são incluídos a data, o dia, o mês e a hora.

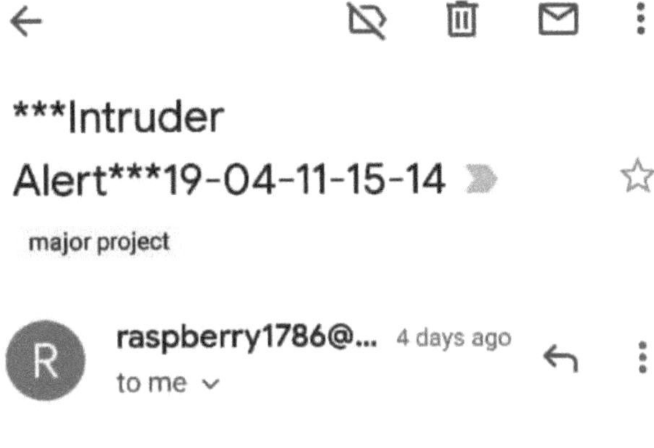

Fig.8.6 E-mail quando é detectada uma pessoa

No corpo da mensagem de correio eletrónico é incluída uma mensagem que inclui "**ALERTA** Pessoa detectada, verifique a fotografia anexa".

Caso 2: Deteção de objectos e alerta da pessoa autorizada através do envio de correio eletrónico

Fig 8.7 O LED verde acende-se

Nesta fase, o intruso é detectado e reconhecido se se trata de uma pessoa ou de um objeto. Depois de reconhecer o intruso, é enviado um e-mail à pessoa autorizada utilizando o Raspberry Pi, mas para enviar o e-mail o Raspberry Pi tem de estar ligado ao Wifito para enviar o e-mail. Depois de o LED azul piscar, ou seja, depois da inicialização da câmara, se algum obstáculo aparecer à frente da câmara, esta tira uma fotografia e guarda-a no ficheiro da Raspberry Pi. A imagem é retirada do ficheiro e é processada utilizando o OpenCV para analisar a imagem e detetar o intruso presente na imagem. A imagem é primeiro convertida para preto e branco e redimensionada para uma resolução de 320x240. O classificador Haar é aplicado à imagem e procura a pessoa presente na imagem, caso exista. Se a pessoa não for detectada, a imagem é procurada por um objeto. A deteção de objectos pode ser feita utilizando a área de contorno, se o contorno for inferior a 5000 pixels, é detectado como objeto. Se detetar o objeto na imagem, é desenhado um retângulo à volta do objeto e armazenado noutro ficheiro. Simultaneamente, assim que o objeto é detectado, o LED verde acende-se e o correio é enviado para a pessoa autorizada. É desenhado um retângulo verde à volta da pessoa para realçar o objeto.

Por cima do retângulo está escrito o objeto detectado. Este é guardado num ficheiro. É enviada uma mensagem de correio eletrónico para alertar a pessoa autorizada, na qual é inserida a imagem que é armazenada após o processamento.

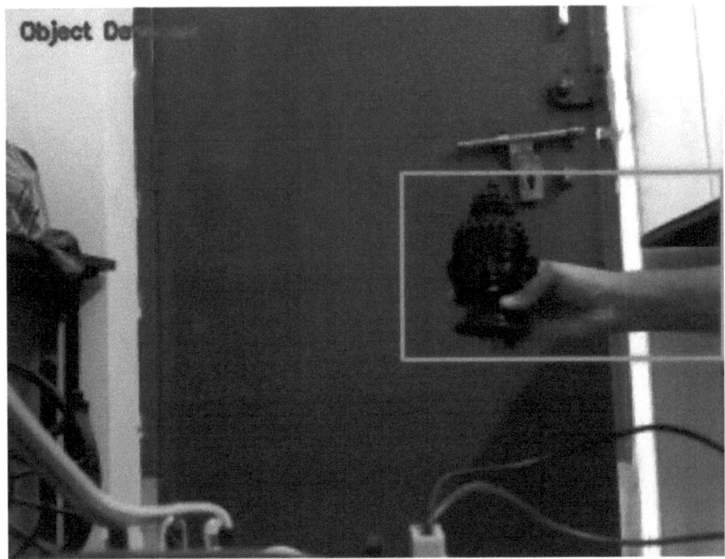

Fig 8.8 Deteção de objectos

No correio eletrónico, juntamente com a imagem, são incluídos o assunto e a mensagem a enviar à pessoa. No assunto, é escrita uma mensagem a dizer Intruder Alert (Alerta de intruso) e são incluídos a data, o dia, o mês e a hora.

A Fig. 8.9 abaixo mostra a captura de ecrã do e-mail que é recebido depois de o objeto ser detectado na imagem através do processamento.

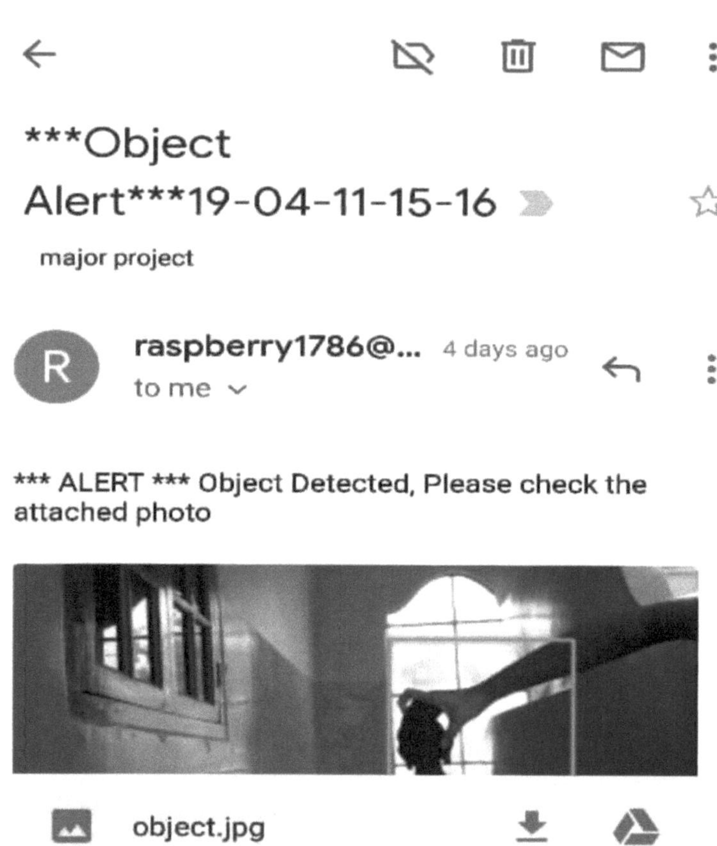

Fig.8.9 E-mail quando é detectado um objeto

No corpo da mensagem de correio eletrónico é incluída uma mensagem que inclui "**ALERTA** Objeto detectado, verifique a fotografia anexa".

CAPÍTULO 9: CONCLUSÃO E PERSPECTIVAS FUTURAS

9 CONCLUSÃO E ÂMBITO FUTURO

9.2 Conclusão

O processamento de vídeo não é uma tarefa única, mas o resultado de um conjunto de subtarefas. No processamento de vídeo, um vídeo é lido fotograma a fotograma e, para cada fotograma, é aplicado o processamento de imagem para extrair as caraterísticas desse fotograma. Para extrair caraterísticas, têm de ser aplicados muitos filtros à imagem. Todas estas tarefas são executadas como funções matemáticas, uma vez que fazê-lo manualmente sem utilizar uma biblioteca específica é uma tarefa muito penosa. O OpenCV tem sido utilizado em aplicações práticas e criativas, incluindo veículos autónomos e novas formas de arte digital. O OpenCV é uma biblioteca de muitas funções incorporadas, destinadas principalmente ao processamento de imagens em tempo real. Atualmente, dispõe de várias centenas de algoritmos de processamento de imagem e de visão computacional que tornam o desenvolvimento de aplicações avançadas de visão computacional fácil e eficiente. A deteção e o seguimento de objectos é uma das áreas críticas da investigação, devido à alteração rotineira do movimento do objeto e à variação do tamanho da cena, às oclusões, às variações do aspeto e às alterações do movimento do ego e da iluminação. Especificamente, a seleção de caraterísticas é o papel vital no seguimento de objectos. Esta investigação esforça-se por simplificar a complexidade destas funções e ajuda o programador a concentrar-se nos aspectos mais triviais da análise de vídeo.

9.3 Âmbito futuro

A classificação utilizada neste projeto tem um maior alcance em aplicações que envolvem a análise de vídeo. A classificação de objectos na imagem pode ser feita de forma mais específica, de modo a diferenciar o tipo e a natureza dos objectos. Vários modelos de previsão de fonte aberta também podem ser utilizados para prever os objectos presentes na imagem.

REFERÊNCIAS

1] S. Jafri, S. Chawan e A. Khan, "Face Recognition using Deep Neural Network with 'LivenessNet'," na Conferência Internacional de 2020 sobre Tecnologias de Computação Inventiva (ICICT), fevereiro de 2020, pp. 145-148, doi: 10.1109/ICICICT48043.2020.9112543.

[2]   S. Manna, S. Ghildiyal e K. Bhimani, "Face Recognition from Video using Deep Learning", no. Icces, pp. 1101-1106, 2020, doi: 10.1109/icces48766.2020.9137927.

[3]   S. Limkar, S. Hunashimarad, P. Chinchmalatpure, A. Baj e R. Patil, "Potential of Robust Face Recognition from Real-Time CCTV Video Stream for Biometric Attendance Using Convolutional Neural Network", Springer Singapore, 2021, pp. 11-20.

[4]   J. Zhang, X. Yan, Z. Cheng e X. Shen, "Um algoritmo de reconhecimento facial baseado na fusão de caraterísticas", Concurr. Comput. , no. julho de 2019, pp. 1 -12, 2020, doi: 10.1002/cpe.5748.

[5]   J. Zheng, R. Ranjan, C.-H. Chen, J.-C. Chen, C. D. Castillo, e R. Chellappa, "An Automatic System for Unconstrained Video-Based Face Recognition," IEEE Trans. Biometrics, Behav. Identity Sci., vol. 2, no. 3, pp. 1-1, 2020, doi: 10.1109/tbiom.2020.2973504.

[6]   S. Kumar, D. Kathpalia, D. Singh e M. Vats, "Sistema de atendimento automatizado baseado em rede neural convolucional usando o domínio de reconhecimento facial", em 2020 4ª Conferência Internacional sobre Computação Inteligente e Sistemas de Controle (ICICCS), maio de 2020, no. Iciccs, pp. 654-659, doi: 10.1109/ICICCS48265.2020.9121163.

[7]   S. Bodhe, P. Kapse e A. Singh, "Reconhecimento facial invariante à idade em tempo real em vídeos usando a rede híbrida de início de scatternet (SIHN)", Proc. - 2019 Int. Conf. Comput. Vis. Work. ICCVW 2019, pp. 1112-1120, 2019, doi: 10.1109/ICCVW.2019.00142.

[8]   S. Saypadith e S. Aramvith, "Reconhecimento de Rosto Múltiplo em Tempo Real usando Aprendizado Profundo em Sistema de GPU Embutido", 2018 Asia -Pacific Signal Inf. Process. Assoc. Annu. Cimeira Conf. APSIPA ASC 2018 - Proc., no. novembro, pp. 1318-1324, 2019, doi: 10.23919/APSIPA.2018.8659751.

[9]   E. Alajrami, H. Tabash, Y. Singer e M. T. E. Astal, "Sobre a utilização da identificação humana baseada em IA para melhorar a eficiência do sistema de vigilância", Proc. - 2019 Int. Conf. Promis. Electron. Technol. ICPET 2019, pp. 91-95, 2019, doi: 10.1109/ICPET.2019.00024.

[10]   S. W. Arachchilage e E. Izquierdo, "A Framework for Real -Time Face-Recognition".

[11]   Z. H. Lin e Y. Z. Li, "Conceção e implementação de um sistema de assiduidade em sala de aula baseado no reconhecimento facial por vídeo", Proc. - 2019 Int. Conf. Intell. Transp. Big Data Smart City, ICITBS 2019, pp. 385- 388, 2019, doi: 10.1109/ICITBS.2019.00101.

[12]   G. Pala e C. Eroglu Erdem, "Comparação do desempenho de métodos de identificação facial baseados na aprendizagem profunda para vídeo em condições adversas", Proc. - 15th Int. Conf. Signal Image Technol. Internet Based Syst. SISITS 2019, pp. 90-97, 2019, doi: 10.1109/SITIS.2019.00026.

[13]   S. T. Gnanasekar e S. Yanushkevich, "Face Attribute Prediction in Live Video using Fusion of Features and Deep Neural Networks," Proc. Int. Jt. Conf. Redes Neurais, vol. 2019-julho, no. julho, pp. 1- 8, 2019, doi: 10.1109/IJCNN.2019.8852046.

[14]   D. Liu, B. Cheng, Z. Wang, H. Zhang e T. S. Huang, "Melhorar o reconhecimento visual em condições adversas por meio de redes profundas", IEEE Trans. Image Process, vol. 28, no. 9, pp. 4401-4412, 2019, doi: 10.1109/TIP.2019.2908802.

[15]   P. Chauhan, S. Gupta, R. Arava, S. Nanivadekar e V. Badgujar, "ML Enabled Surveillance System for Societies", Int. Conf. Emerg. Trends Inf. Technol. Eng. ic-ETITE 2020, pp. 1-4, 2020, doi: 10.1109/ic-ETITE47903.2020.458.

yes
I want morebooks!

Buy your books fast and straightforward online - at one of world's fastest growing online book stores! Environmentally sound due to Print-on-Demand technologies.

Buy your books online at
www.morebooks.shop

Compre os seus livros mais rápido e diretamente na internet, em uma das livrarias on-line com o maior crescimento no mundo! Produção que protege o meio ambiente através das tecnologias de impressão sob demanda.

Compre os seus livros on-line em
www.morebooks.shop

Printed by Books on Demand GmbH, Norderstedt / Germany